高职高专实验实训“十二五”规划教材

煤矿安全监测监控技术实训指导

姚向荣　朱云辉　主编

北　京
冶 金 工 业 出 版 社
2015

内容提要

本书是基于工作过程的理论实践一体化的实训指导书。全书共设计了十个实训项目，内容包括：煤矿安全监测监控系统认识、监控线缆与设备的布置、传感器（包括高浓度与低浓度甲烷传感器、其他模拟量传感器、开关量传感器）的安装调试、断电器的安装与调试、井下分站的安装与维护、硬件系统的安装与调试、监控系统软件的安装与设置等。

本书可作为煤炭类高等职业技术学院矿井通风与安全、矿山安全技术与监察、矿山救援、采矿、矿山机电、计算机控制技术等专业的通用实训教材，也可作为煤炭技师学院、高级技工学校、中等职业学校、成人高校和各类煤矿安全监测监控技术培训教材，同时可供从事煤矿安全监测监控技术人员技能训练与学习参考。

图书在版编目(CIP)数据

煤矿安全监测监控技术实训指导/姚向荣，朱云辉主编. —北京：冶金工业出版社，2015. 4

高职高专实验实训“十二五”规划教材

ISBN 978-7-5024-6133-1

Ⅰ. ①煤…　Ⅱ. ①姚…　②朱…　Ⅲ. ①煤矿—矿山安全—监测系统—高等职业教育—教材　②煤矿—矿山安全—监控系统—高等职业教育—教材　Ⅳ. ①TD76

中国版本图书馆 CIP 数据核字（2015）第 057031 号

出 版 人　谭学余

地　　址　北京市东城区嵩祝院北巷 39 号　邮编　100009　电话　(010)64027926

网　　址　www. cnmip. com. cn　电子信箱　yjcbs@ cnmip. com. cn

责任编辑　陈慰萍　张耀辉　美术编辑　吕欣童　版式设计　葛新霞

责任校对　郑　娟　责任印制　牛晓波

ISBN 978-7-5024-6133-1

冶金工业出版社出版发行；各地新华书店经销；三河市双峰印刷装订有限公司印刷

2015 年 4 月第 1 版，2015 年 4 月第 1 次印刷

787mm×1092mm　1/16；9 印张；215 千字；130 页

22. 00 元

冶金工业出版社　投稿电话　(010)64027932　投稿信箱　tougao@cnmip. com. cn

冶金工业出版社营销中心　电话　(010)64044283　传真　(010)64027893

冶金书店　地址　北京市东四西大街46 号(100010)　电话　(010)65289081(兼传真)

冶金工业出版社天猫旗舰店　yjgy. tmall. com

（本书如有印装质量问题，本社营销中心负责退换）

前 言

“煤矿安全监测监控技术”是一门技术性、应用性和实践性都很强的综合性课程，是采矿、通风、安监及相关专业的核心专业课程。实训教学是学好本门课程的重要实践性教学环节，其目的和任务就是配合课堂教学，巩固消化课程的内容，将实训中得到的感性知识与理论知识有机地结合起来。通过动手技能的训练，使学生能够正确使用测量仪器仪表及设备，学会处理实训数据、分析实训结果，进一步加强和深化综合应用安全监测监控技术的能力，特别是根据具体安全问题及要求，提出切实可行的监测监控技术方案，并进行设备选型、安装调试及维护监测监控系统的能力。

本书是为完成安徽省示范高职省级精品课程“煤矿安全监测监控技术”以及安徽省教研项目“基于工作过程的煤矿安全优质核心课程开发与设计”的建设，创新工学结合教学模式，体现教育部高等职业教育矿井通风与安全专业人才培养方案的要求而编写的，由淮南职业技术学院和淮南矿业集团共同组织完成，并与《煤矿安全监测监控技术与操作》教材配套使用。

本书编写的宗旨是以煤矿企业需求为导向，以职业综合能力培养为本位，立足于矿井安全监测监控设备的安装、调试、维修与保养，围绕“服务煤矿业”，培养能够保障煤矿监测监控设备正常运行、设备维修与保养工作，具有高度责任感的高素质技能型人才。

本书编写团队多次深入作为产学研基地的潘一矿、谢桥矿、顾北矿、张北矿、丁集矿等十多座大型或特大型煤矿进行调研，了解企业典型的工作组织形式，了解井下煤矿通风监测工的典型工作岗位、工作任务、工作过程、职责要求、所需知识、所需技能。通过煤矿企业岗位调研，分析矿井通风监测职业岗位（群）任职要求，将职业岗位工作任务融入教材建设中。通过多次组织召开由通风监测技师、区队长、安全总工程师等企业实践专家参加的“实践专家座谈会”，讨论职业发展阶段和典型工作任务的特征，列举出职业发展阶段中典型的工作任务，经过分析，确定以煤矿安全监测监控技术和个人职业发展的典型工作任务作为实训项目。

全书由姚向荣负责实训二～九的编写工作，朱云辉、姚向荣负责实训一的编写，姚向荣、孙泽宏、陶应宏、周波、肖家平负责实训十的编写，全书由姚向荣负责统稿。本书在编写过程中，还得到了企业的专家及相关院校专业教师的大力支持。淮南矿业集团副总经理教授级高工程功林院长、安徽理工大学的石必明教授对本书初稿进行了认真的审阅，并提出了宝贵的意见，在此表示衷心的感谢！同时，也对煤炭科学研究总院重庆研究院的大力支持和书中引用文献的作者表示衷心的感谢！

由于编者水平有限，书中有不妥之处，恳请读者批评指正。

编　者

2015 年 1 月

目录

实训一　煤矿安全监测监控系统认识

一、实训目的

（1）熟悉矿井监测监控系统的组成及分类（传感器技术、电子技术、计算机技术和信息传输技术）、基本功能和使用方法。

（2）了解煤矿安全监测监控系统中的网络结构形式及特点、信号复用的原理、常用的复用方式及特点、模拟信号调制目的与调制方法、调制信号的种类，理解 A/D（模/数）转换过程。

（3）了解光缆的分类与结构。

（4）掌握 HUYV 型矿用通信电缆、同轴电缆的结构。

（5）掌握矿井监测监控系统主要部分组成。

二、实训内容

（一）煤矿监测监控技术认知

（1）数字化监控技术。

（2）矿井工业以太网技术。

（3）全矿井综合监控系统。

（4）系统中心站。

1）环境监测方面，主要监测煤矿井下各种有毒有害气体及工作面的作业条件，如甲烷浓度、一氧化碳浓度、氧气浓度、风速、负压、温度、岩煤温度、顶板压力、烟雾等。

2）生产监控方面，主要监控地面与井下主要生产环节的各种生产参数和重要设备的运行状态参数，如煤仓煤位、水仓水位、供电电压、供电电流、功率等模拟量；水泵、提升机、局扇、主扇、胶带机、采煤机、开关、磁力启动器的运行状态和参数等。

3）中心站软件方面，具有测点定义、显示测量参数、数据报表、曲线显示、图形生成、数据存储、故障统计和报表、报告打印等功能。

（5）局域网络。

（6）监控系统井下分站功能。

（7）各种传感器与控制器。

（二）煤矿安全监测监控系统的信息传输

（1）通信网络结构。通信网络结构主要有星状结构、树状（形）结构、环路（形）结构和总线形结构。

（2）传输系统的构成。传输系统由信息源和终端设备、信源编码及解码器、信道编码及解码器、调制器及解调器构成。

（3）通信方式。

1）信息流动方向。信息流动方向有单向和双向两种。据此，系统可分成单向传输系统和双向传输系统。

2）传输方式。传输方式有串行传输与并行传输、异步通信与同步通信。

（三）脉冲调制

脉冲调制有脉冲幅度调制（PAM）、脉冲宽度调制（PDM）、脉冲位置调制（PPM）、脉冲频率调制（PFM）和脉冲编码调制（PCM）。

1. 数字信号调制

（1）A/D（模/数）转换。

（2）基带信号。

（3）频带信号。

2. 传输线路

（1）矿用通信电缆与同轴电缆。HUYV型矿用通信电缆的结构如图1-1所示。同轴电缆的结构如图1-2所示。

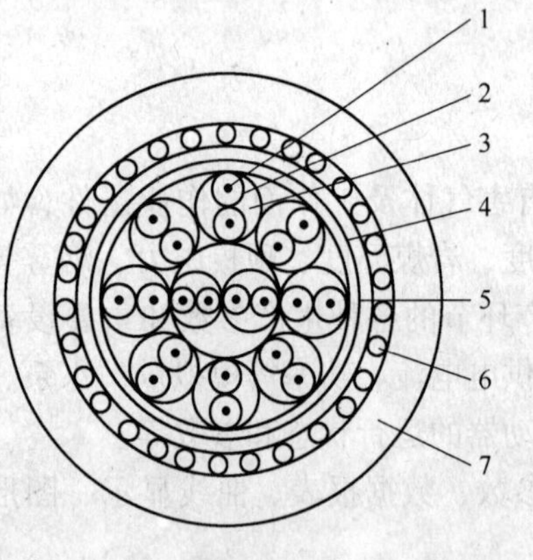

图1-1　HUYV型矿用通信电缆的结构

1—导电芯线；2—绝缘层（PE）；3—对线组；4—绕包带（PE）；5—内护层（PE）；6—铠装层（钢丝）；7—外护套（PVC）

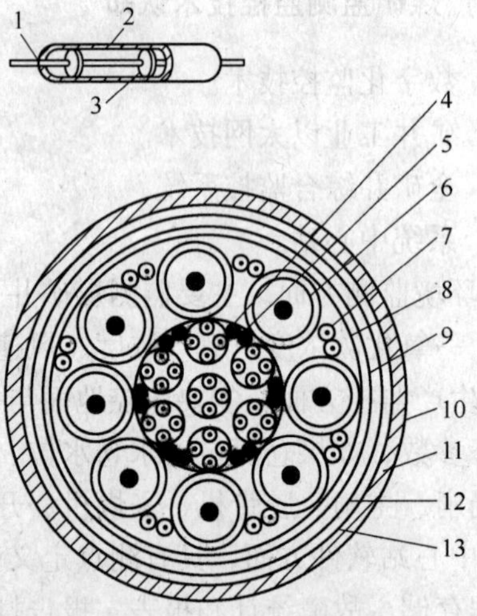

图1-2　同轴电缆的结构

1—铜线；2—铜管；3—塑料垫片；4—音频四线组；5—信号线；6—同轴管；7—高频对绞组；8—电缆线；9—铅护层；10—沥青涂层塑料带；11—油浸皱纹纸带；12—钢带；13—油麻或聚氯乙烯

（2）电缆。目前常见的电缆结构有英国的疏织屏蔽型漏泄电缆、美国的穿孔螺管型漏泄电缆、德国纵向开槽型漏泄电缆、日本八字槽币漏泄电缆等。

（四）KJ90矿井监测监控系统

1. 矿井监测监控系统的分类

（1）按监控目的分类：分为环境安全、轨道运输、胶带运输、提升运输、供电、排水、瓦斯抽放、人员位置、矿山压力、火灾、煤与瓦斯突出、大型机电设备健康状况等监控系统。

（2）按使用环境分类：分为防爆型（又可分为本质安全型、隔爆兼本质安全型、隔爆型等）、矿用一般型、地面普通型和复合型（由防爆型、矿用一般型和地面普通型中两种或两种以上构成）系统。

（3）按复用方式分类：分为频分制、时分制、码分制和复合复用方式（同时采用频分制、时分制、码分制中两种或两种以上）系统。

（4）按采用的网络结构分类：分为星形、环形、树形、总线形和复合形（同时采用星形、环形、树形、总线形中两种或两种以上）系统。

（5）按信号传输分类：按传输方向分为单向、单工和双工系统；按所传输的信号，分为模拟传输系统和数字传输系统。

（6）按调制方式分类：分为基带、调幅、调频和调相等系统。

（7）按同步方式不同分类：分为同步传输系统和异步传输系统。

（8）按工作方式分类：分为主从、多主、无主系统等。

2. 矿井监测监控系统的作用

（1）环境安全监控系统：监测甲烷浓度、一氧化碳浓度、二氧化碳浓度、氧气浓度、硫化氢浓度、风速、负压、湿度、温度、风门状态、风筒状态、局部通风机开停、主通风机开停、工作电压、工作电流等，并实现甲烷超限声光报警、断电和甲烷风电闭锁控制等。

（2）轨道运输监控系统：监测信号机状态、电动转辙机状态、机车位置、机车编号、运行方向、运行速度、车皮数、空（实）车皮数等，并实现信号机与电动转辙机闭锁控制、地面远程调度与控制等。

（3）胶带运输监控系统：监测皮带速度、轴温、烟雾、堆煤、横向撕裂、纵向撕裂、跑偏、打滑、电动机运行状态、煤仓煤位等，并实现顺煤流启动，逆煤流停止闭锁控制和安全保护、地面远程调度与控制、皮带火灾监测与控制等。

（4）提升运输监控系统：监测罐笼位置、速度、安全门状态、摇台状态、阻车器状态等，并实现推车、补车、提升闭锁控制等。

（5）供电监控系统：监测电网电压、电流、功率、功率因数、馈电开关状态、电网绝缘状态等，并实现漏电保护、馈电开关闭锁控制、地面远程控制等。

（6）排水监控系统：监测水仓水位、水泵开停、水泵工作电压、电流、功率、隅门状态、流量、压力等，并实现阀门开关、水泵开控制、地面远程控制等。

（7）火灾监控系统：监测一氧化碳浓度、二氧化碳浓度、氧气浓度、温度、压差、烟雾等，并通过风门、风窗控制，实现均压灭火控制、制氮与注氮控制等。

（8）瓦斯抽放监控系统：监测甲烷浓度、压力、流量、温度、抽放泵状态等，并实现甲烷超限声光报警、抽放泵和阀门控制等。

（9）人员位置监测系统：监测井下人员位置、滞留时间、个人信息等。

（10）矿山压力监控系统：监测地音、顶板位移、位移速度、位移加速度、红外发射、电磁发射等，并实现矿山压力预报。

（11）煤与瓦斯突出监控系统：监测煤岩体声发射、瓦斯涌出量、工作面煤壁温度、红外发射、电磁发射等，并实现煤与瓦斯突出预报。

（12）大型机电设备健康状况监控系统：监测机械振动、油质量污染等，并实现故障诊断。

3. 矿井监测监控系统的组成

（1）传感器：将被测物理量转换为电信号，经3芯或4芯矿用电缆（其中1芯用于地线，1芯用于信号线，1芯用于分站向传感器供电）与分站相连，并具有显示和声光报警功能（有些传感器没有显示或者没有声光报警）。

（2）执行机构（含声光报警及显示设备）：将控制信号转换为被控物理量，使用矿用电缆与分站相连。

（3）分站接：接收来自传感器的信号，并按预先约定的复用方式（时分制或频分制等）远距离传送给主站（或传输接口），同时，接收来自主站（或传输接口）多路复用信号（时分制或频分制等）。

（4）电源箱：将井下交流电网电源转换为系统所需的本质安全型直流电源，并具有维持电网停电后正常供电不小于2h的蓄电池。

（5）主站（或传输接口）：接收分站远距离发送的信号，并送主机处理；接收主机信号，并送相应分站。主站（或传输接口）主要完成地面非本质安全型电气设备与井下本质安全型电气设备的隔离，主站还具有控制分站的发送与接收、多路复用信号的调制与解调、系统自检等功能。

（6）主机：一般选用工控微型计算机或普通台式微型计算机、双机或多机备份。主机主要用来接收监测信号、校正、报警判别、数据统计、磁盘存储、显示、声光报警、人机对话、输出控制、控制打印输出、与管理网络连接等。

（7）投影仪（模拟盘、大屏幕、多屏幕、电视墙等）：用来扩大显示面积，以便于在调度室远距离观察。

（8）管理工作站或远程终端：一般设置在矿长及总工办公室，以便随时了解矿井安全及生产状况。

（9）数据服务器：是主机与管理工作站及网络其他用户交换监控信息的集散地。

（10）路由器：用于企业网与广域网及电话线入网等协议转换、安全防范等。

4. KJ90矿井监测监控系统的技术特征

（1）传感器及执行机构采用星形网络结构与分站相连、单向模拟传输。

（2）分站至主站间采用树形、环形或树形与星形混合网络结构，多路复用（时分制、频分制或码分制）、半双工或双工（个别系统采用单向）、串行数字传输（异步传输或同步传输）。

（3）采用微型计算机（含单片机）、大规模集成电路、固态继电器及大功率电力电子器件、投影仪、大屏幕、模拟盘、多屏幕、电视墙等，具有彩色显示、磁盘记录、打印报表、联网等功能。

5. 矿井监测监控系统的特点及要求

（1）矿井监测监控系统的特点：电气防爆、传输距离远、网络结构宜采用树形结构、监控对象变化缓慢、电网电压波动大、电磁干扰严重、工作环境恶劣、传感器（或执行机构）宜采用远程供电、不宜采用中继器。

（2）矿井监测监控系统的通用要求：系统具有模拟量、开关量和累计量监测、声光报警、模拟量和开关量手动（含远程地面）与自动控制功能；备用电源系统具有自检功能；系统主机双机备份。

系统具有实时存储功能、列表显示功能；具有模拟量实时曲线和历史曲线显示功能、柱状图显示功能、模拟动画显示功能、系统设备布置图显示功能；具有报表、曲线、柱状图、模拟图、初始化参数等召唤打印功能。

系统具有人机对话功能、防雷措施、抗干扰措施；系统分站应具有初始化参数掉电保护功能；系统具有工业电视图像等多媒体功能；系统宜具有网络通信功能。

地面设备具有防静电措施，系统工作稳定，性能可靠，系统调出整幅实时数据画面的响应时间小于5s。电源波动适应范围对于地面为90%~110%、井下为75%~110%。

（3）矿井监测监控信息传输要求：矿井监测监控信息传输要求主要涉及传输介质、网络结构、工作方式、连接方式、传输方向、复用方式、信号、同步方式、调制方式、字符、传输速率、误码率、传输处理误差、最大巡检周期、最大传输距离等要素。

主站至分站、分站至分站之间的最大传输距离应不小于0km，传感器及执行机构至分站的最大传输距离应不小于2km，最大节点容量宜在8、16、32、64、128中选取，并且除考虑物理层外，还考虑便于2进制编码的问题。

（五）煤矿安全监测监控系统性能测试

1. 范围

《煤矿监控系统主要性能测试方法》（MT/T 772—1998）在测试技术上主要参考了《地区电网数据采集与监控系统通用技术条件》（GB/T 13730—1992）和《远动终端通用技术条件》（GB/T 13729—1992）；在测试内容上符合原煤炭工业部颁布的《煤矿监控系统总体设计规范（试行）》及其他有关的技术法规。

2. 实验条件

（1）环境条件。

（2）电源条件。

1）交流供电电源：电压误差应不大于2%；频率50Hz，且误差应不大于1%；谐波失真系数应不大于5%。

2）直流供电电源：电压误差应不大于2%；周期与随机偏移应满足：

$$\frac{\Delta U}{U_0}<0.1\%$$

式中　ΔU——周期与随机偏移的峰到峰值；

U_0——直流供电电压的额定值。

3. 测试仪器和设备

测试仪器和设备一般有以下要求：

（1）测试仪器和设备的精确度应保证所测性能的精确度要求，其自身精确度至少应比被测指标高3倍。

（2）测试仪器和设备的性能应符合所测性能的特性。

（3）测试仪器和设备应按照计量法的有关规定进行计量检定，并校准合格。

（4）测试仪器和设备的配置应不影响测量结果。

4. 受试系统的要求

系统测试至少应具备下列设备：

（1）中心站或主站设备一套，一般包括主机（含显示器）打印机等设备（对双机系统可根据具体情况适当增加设备）。

（2）传输接口一台（系统中具备的话）。

（3）每种本安电源最大组合负载的各种传感器及其他设备；对安全生产监控系统，若每种本安电源最大组合负载不含甲烷传感器，还应提供一组几万传感器的组合负载。

（4）构成系统的其他必要设备。

5. 测试准备

（1）被测试系统构成结构不同，要求采用不同的连接。

（2）系统试验前应按规定做好运行前的各种准备，包括系统预调工作和系统中设备的预热工作。

（3）被试系统所用的仪器及辅助设备（如电源等）在测试中应正常工作。

6. 系统运行检查

（1）试验系统按“测试准备”中的要求进行连接。

（2）执行一遍检查程序后，系统应能按规定正常运行，正确反映系统内各组成部分的状态。

（3）检查程序应符合以下规定：

1）能及时给出运行正常的信息和正在受检部位的工作状态信息；

2）能检查系统各硬件组成部分正常与否；

3）能检查通信状况；

4）对所检查的结果提供清晰的显示、打印和硬盘记录；

5）检查程序编制原则与技术要求应符合GB/T 9813—2000的规定。

7. 系统功能试验

系统功能试验包括试验系统的连接，模拟量采集、显示及报警功能试验，开关量采集、显示及报警功能试验，累计量采集、显示及报警功能试验，控制功能（含断电、声光报警功能）试验，调节功能试验，存储和查询功能试验，屏幕显示及打印制表功能试验，人机对话功能试验，自诊断功能试验，系统软件自监视功能试验，软件容错功能试验，双机切换功能试验，实时多任务功能试验，备用电源试验。

8. 系统主要性能指标测试

系统主要性能指标测试包括模拟量输入传输误差测试、累计量输入传输误差测试、模拟量输出传输误差测试、系统巡检时间测试、控制执行时间测试、调节执行时间测试、站内事件分辨率测试、站间事件分辨率测试、画面响应时间测试、传输速率测试、系统速率测试。

三、实训环境与仪器设备

（一）KJ90 煤矿监测监控系统环境

以淮南潘北矿监控系统为例，工业电视系统由以下设备构成：摄像仪 WV-CP470，6 台；视频服务器 KJ90-1，1 台；视频监控管理软件 KJ90-1，1 套；监控电视机 TCL29"，6 台；电视墙组，1 组；机柜 1.6m，1 台；字符叠加器，4 台；2 台同轴电缆 SYV-75-3，2km；一进二出 VGA 分配器，1 台；PC 转换器，1 台；三洋投影仪，1 台；投影硬幕 100"，1 套，含背投硬幕、反射镜、镜架、配件、线材等。

工学结合实训室的构建仿真系统如图 1-3 所示。

图 1-3　工学结合实训室的构建仿真系统

（二）矿用各种传感器及相关设备

矿用传感器及相关设备包括：KG9701 型低浓度沼气传感器、KG9001B 型高低浓度沼气传感器、GTH500（B）型一氧化碳传感器、KGF15 型风速传感器、GF5F（A）型风流压力传感器、GML（A）型风门开闭传感器、GT-L（A）型开停传感器、KG8005A 型烟雾传感器、GW50（A）型温度传感器、信号避雷器 KHX90、电源避雷器 KHD90、信号电缆 MHYVRP 1×4×7/0.43、KJD-18 井下远程断电器（带馈电）三通接线盒和二通接线盒、工控机、教学用展板、KDF-2 大分站、KJ90 系统软件、KDF-3 中分站、KDF-3X 小分站、KJD-18 井下远程断电器（带馈电）、KG9001C 智能高低浓度沼气传感器。

（三）潘集三号煤矿工业以太环网煤矿综合监控系统

KDF-2 型井下分站电源箱包括：

（1）16 路模拟量/开关量信号输入（通过中心站软件设置可以互相转换），1 路数字量信号输入，1 路累计量信号输入；

（2）8 路断电控制输出；

（3）额定工作电压：660V/380V/220V，50 Hz 或 220V/127V/36V，50 Hz；

（4）输出电压/电流：1 路本安 12V/500mA 输出，9 路本安 18V/360mA 输出；

（5）备用电池工作：在额定负载条件下工作时间不小于 2h；

（6）一组 12V、500mA 直流电源输出的最大组合负载为接 1 台 KDF-2 型井下分站电源箱，供电距离 2m；一组 18V、360mA 的直流电源输出的最大组合负载为 1 台 KG9001C 型高低浓度甲烷传感器，供电距离 2km。

KDF-3 型井下分站电源箱包括：

（1）8 路模拟量/开关量信号输入（通过中心站软件设置可以互相转换），1 路数字量信号输入，1 路累计量信号输入；

（2）5 路断电控制输出；

（3）额定工作电压：660V/380V/220V，50 Hz 或 220V/127V/36V，50 Hz；

（4）输出电压/电流：1 路本安 12V/500mA 输出，5 路本安 18V/360mA 输出；

（5）备用电池工作：在额定负载条件下工作时间不小于 2h；

（6）1 组 12V、500mA 直流电源输出的最大组合负载为接 1 台 KDF-3 型井下分站电源箱，供电距离 2m；1 组 18V、360mA 的直流电源输出的最大组合负载为 1 台 KG9001C 型高低浓度甲烷传感器，供电距离 2km。

采用煤矿用聚乙烯绝缘铜丝编织屏蔽聚氯乙烯护套通信电缆：

（1）电缆型号：MHYVP1×4（7/0.52mm），单芯截面为 1.5mm^2；

（2）线缆直流电阻：≤12.8 Ω/km（单芯）；

（3）线缆分布电容：≤0.06 μF/km；

（4）线缆分布电感：≤0.8 mH/km。

工业以太环网煤矿综合监控系统结构如图 1-4 所示。

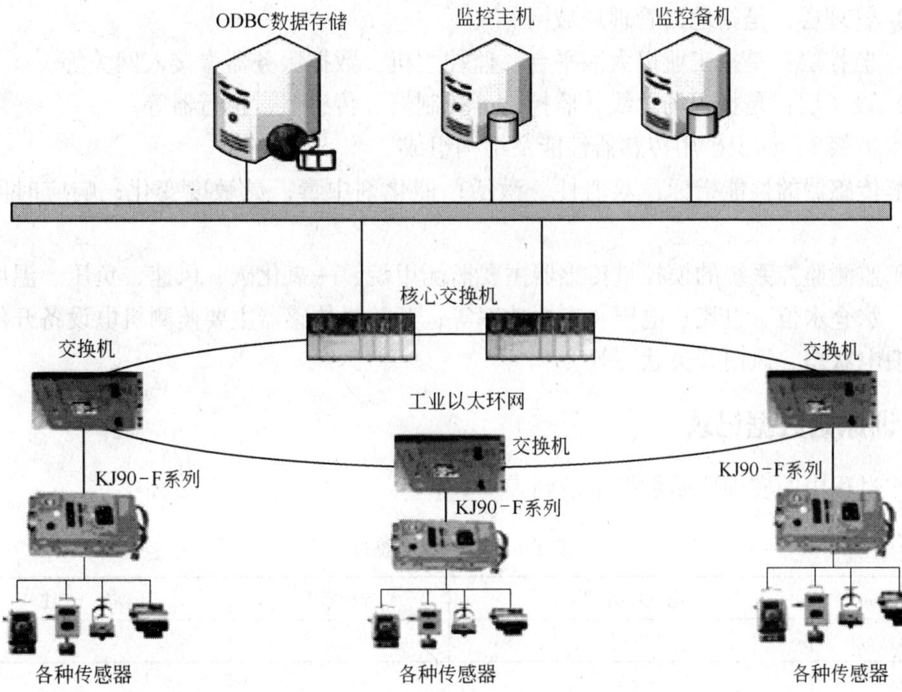

图 1-4 工业以太环网煤矿综合监控系统的结构

（四）测点编号方法

要实现地面监控主机与井下众多设备的数据通信、数据的显示及控制，需要对各种井下设备进行区分。一般把各个设备定义为一个测点，并对其进行编号。一般厂商会对井下每个测点设备，按一定的规则进行编号，如 KJ90 系统的测点定义格式为“N1N2N3N4N5N6”。这里的 N1、N2 、N3 表示分站编号，取值范围为 1~255；N3 表示测点设备的类型（如“A”表示模拟量，“D”表示开关量，“C”表示控制量）；N4、N5 表示通道号，编号范围 1~16，其中控制量范围为 1~8。

例如：005000 表示 5 号分站：005A03 表示 5 号分站第三通道为模拟量输入；005D10 表示 5 号分站第 10 通道为开关量输入；005C08 表示 5 号分站第 8 通道为控制量输入。

四、实训步骤

操作步骤 1：观察 KJ90 系统。

观察环境安全监控系统、轨道运输监控系统、胶带运输监控系统、提升运输监控系统、供电监控系统、排水监控系统、瓦斯抽采（放）监控系统、人员位置监测检测系统、矿山压力监控系统、火灾监控系统、水灾监控系统、煤与瓦斯突出监控系统、大型机电设备健康状况监控系统等。

操作步骤 2：观察 KJ90 系统各个单元的连接。

系统整体架构采用工业以太环网加现场总线架构，并划分为管理层、监控层和设备层三层。

（1）管理层：是指地面管理局域网。

（2）监控层：是指工业以太网平台、监控主机、数据服务器、接入网关等。

（3）设备层：是指现场总线、监控站、控制器、传感器、执行器等。

操作步骤 3：认识矿用传感器性能及结构组成。

了解传感器的性能指标：双值性、激活；催化剂中毒；灵敏度变化；响应时间；线性度。

煤矿监测监控系统的模拟量传感器主要监测甲烷、一氧化碳、风速、负压、温度、煤仓煤位、水仓水位、电流、电压和有功功率等；开关量传感器主要监测机电设备开停、机电设备馈电状态、风门开关状态等。

五、实训原始数据记录

操作过程中的实训原始数据记录到表 1-1 中。

表 1-1　原始数据统计

实训步骤	观 察 结 果	分析原因	备　注
1			
2			
3			

六、实训思考题

（1）简述煤矿安全监测监控系统的系统组成以及工作原理。

（2）煤矿安全规程中有关安全监控方面的规定有哪些？

七、实训总结

撰写不少于 200 字的实训总结，内容包括：

（1）阐述从多个方面收集的资料情况。

（2）阐述实训运用的效果。

（3）找出理论与操作相结合存在的问题及解决的方法。

八、实训技术要求

（1）学生自己选择设备的类型。

（2）分清分站类型、传感器数量、接线方法。

（3）做好绘制系统图的准备工作（由教师确定）。

九、实训考核

明确实训目的及要求，选择监测监控系统的类型，确定生产系统组成、传感器数量和位置，系统图绘制准备由教师确定。实训考核评分标准见表 1-2。

表 1-2　实训考核评分标准

考核项目	分值 100	评分标准	应得分	备　注
系统选择	10	正确	10	包括采煤工作面、掘进工作面的设备布置方式，分站、传感器的组成模式等
		不正确	0	
熟悉设备	40	非常熟悉	40	包括结构组成、操作、常见故障等
		较熟悉	25	
		不熟悉	10	
系统绘制	30	完整规范	30	包括绘图的规范性、正确性、合理性，标准使用，设备型号标注等
		较完整	20	
		不完整	10	
实训报告	20	认真	20	包括格式、排版、装订是否正确合理，内容是否充实、正确，篇章是否完整等
		较认真	15	
		不认真	5	

实训二　监控线缆与设备的布置

一、实训目的

（1）学会线缆的选用及使用地点的布置。

（2）掌握监测监控系统设备的布置及参数选择。

二、实训内容

（1）通信线缆型号的选用与布置。

（2）选择通信电缆操作规程。

（3）监控设备的布置总体原则。

（4）甲烷传感器的布置。长壁采煤工作面甲烷传感器的布置如图 2-1 所示。

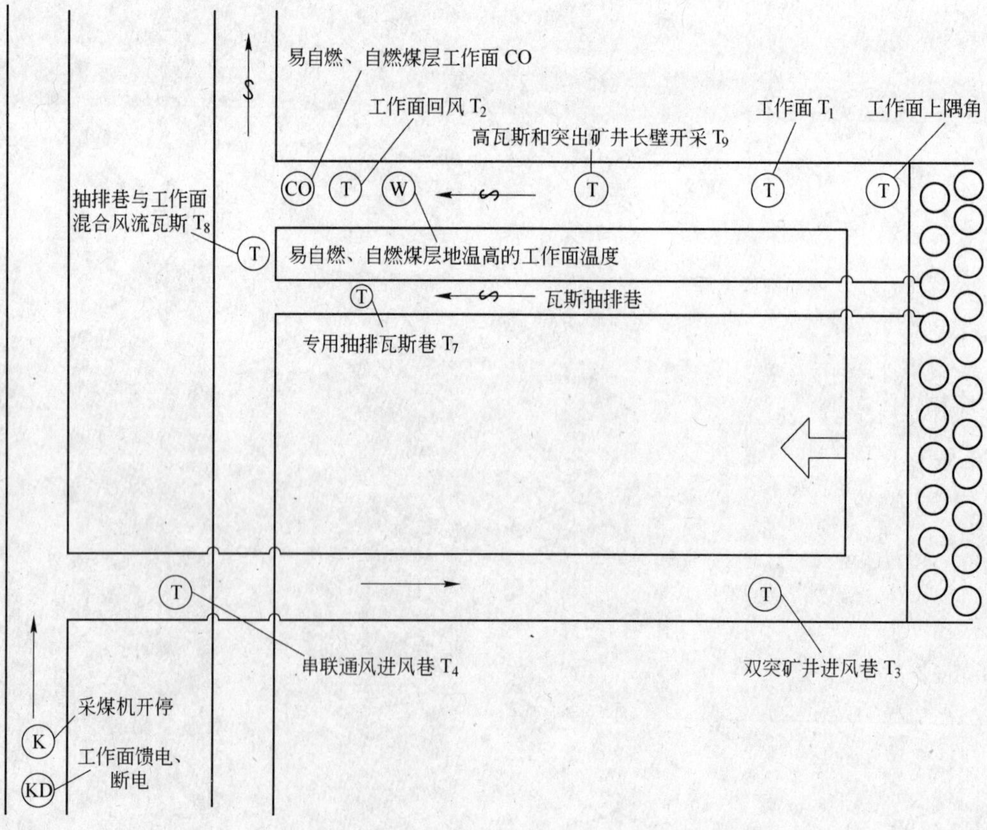

图 2-1　长壁采煤工作面甲烷传感器的布置

甲烷传感器的布置的总体要求如下：

1）安置在粉尘较少的环境中。

2）距离煤壁不得小于300mm。

3）距离顶板不得大于300mm。

4）距离巷道侧壁不得小于200mm。

三、实训环境与仪器设备

（1）采煤工作面监测系统模型。某矿2466采煤工作面的模拟巷道及监测监控系统如图2-2所示。

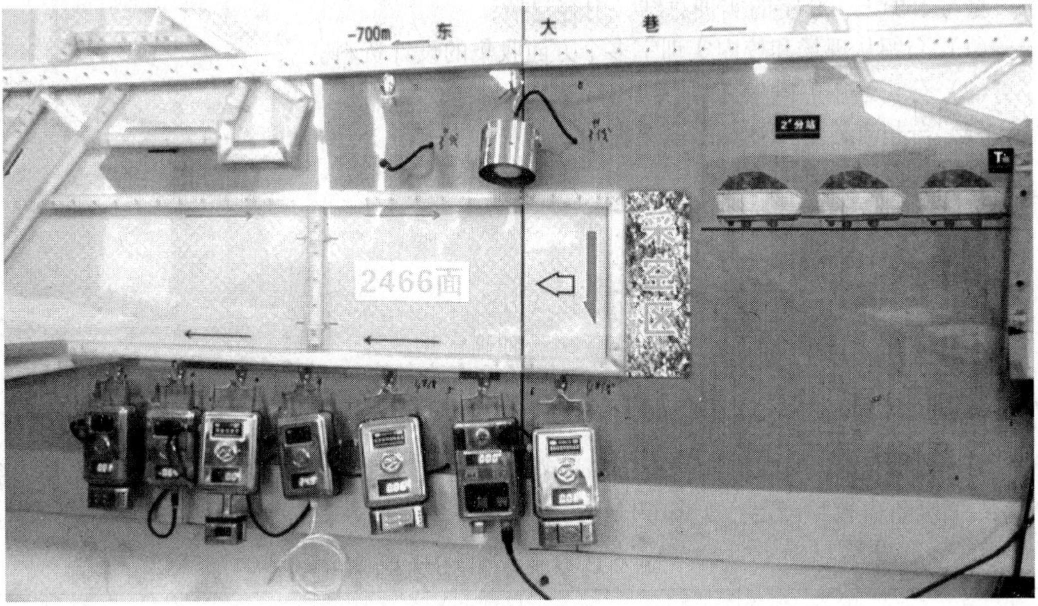

图2-2 采煤工作面的模拟巷道及监测监控系统

（2）实训器材。实训所用的仪器设备主要包括以下几方面：

1）模拟量传感器：KG9701型低浓度沼气传感器、KG9001B型高低浓度沼气传感器、GTH500（B）型一氧化碳传感器；GF5F（A）型风流压力传感器、GW50（A）型温度传感器。

2）开关量传感器：GML（A）型风门开闭传感器、GT－L（A）型开停传感器、KG8005A型烟雾传感器。

3）控制与保护仪器设备：KJD－18井下远程断电器（带馈电）、工控机、KJ90系统软件、KDF－2大分站、信号避雷器KHX90、电源避雷器KHD90。

4）辅助仪器设备：传感器航空插头、接线盒三通、接线盒二通、蜂鸣器、黑白元件、信号电缆MHYVRP 1×4×7/0.43、微型断路器（空气开关）、万用表专用电池、数字万用表、多功能配电盘、绝缘胶布、万用剥线钳、传感器遥控器专用电池、成套工具箱、发光二极管、节能灯及灯座、传感器与分站连接电缆、照明导线等。

四、实训步骤

操作步骤1：绘制采区模拟巷道。

操作步骤 2：沿模拟巷道依次布线，要求分清各种通信电缆的颜色、编号意义、种类。

操作步骤 3：按实际位置安装甲烷传感器，反复 3 次。

五、实训思考题

（1）煤矿安全监测监控系统中敷设电缆的注意事项有哪些？

（2）甲烷传感器的参数设置与安装位置有哪些具体要求？

六、实训总结

撰写不少于 200 字的实训总结，内容包括：

（1）介绍从现场和校内实训室多个方面收集的设计资料。

（2）分析运用的效果。

（3）分析理论与实际相结合存在的问题及解决方法。

七、实训技术要求

（1）学生自己选择设备的类型。

（2）分清分站类型、传感器数量、接线方法。

（3）做好绘制系统图的准备工作（由教师确定）。

八、实训考核

明确实训目的及要求，选择设备的类型，确定生产系统类型、传感器数量和位置，系统图绘制准备由教师确定。实训考核评分标准见表 2-1。

表 2-1　实训考核评分标准

考核项目	分值 100	评分标准	应得分	备　注
系统图绘制	10	正确	10	包括采煤工作面、掘进工作面的生产系统、线路的布置方式，分站、传感器的布置等
		部分正确	5	
		不正确	0	
熟悉设备	40	非常熟悉	40	包括结构组成、操作、技术参数、常见故障现象等
		较熟悉	25	
		不熟悉	10	
设备安装	30	熟练	30	包括设备安装的规范性、正确性、合理性，参数标准设置，设备型号标注等
		较熟练	20	
		不熟练	10	
实训报告	20	认真	20	包括格式、排版、装订是否正确合理，内容是否充实、正确，篇章是否完整等

实训三　低浓度甲烷传感器的安装与调校

一、实训目的

（1）了解 KG9701 型智能低浓度甲烷传感器的结构组成、布置和接线。

（2）熟悉 KG9701 型智能低浓度甲烷传感器的电路测量原理和检修标准。

（3）掌握 KG9701 型智能低浓度甲烷传感器的参数设置和调试方法。

二、实训电路原理

（一）实训电路框图

载体热催化原理均采用载体热催化元件作为检测元件，通过电桥电路输出电信号，经放大后，分别送给报警电路和 A/D 转换电路。

A/D 转换电路将模拟信号转换为数字信号，由液晶显示屏显示出可燃气体浓度大小。当甲烷等可燃气体浓度达到报警设定值时，通过比较器输出一高电平，驱动报警电路实现声光报警。

实训电路框图包括电路图、系统框图、流程图等。甲烷气体检测原理如图 3-1 所示。传感器信号转换的组成如图 3-2 所示。

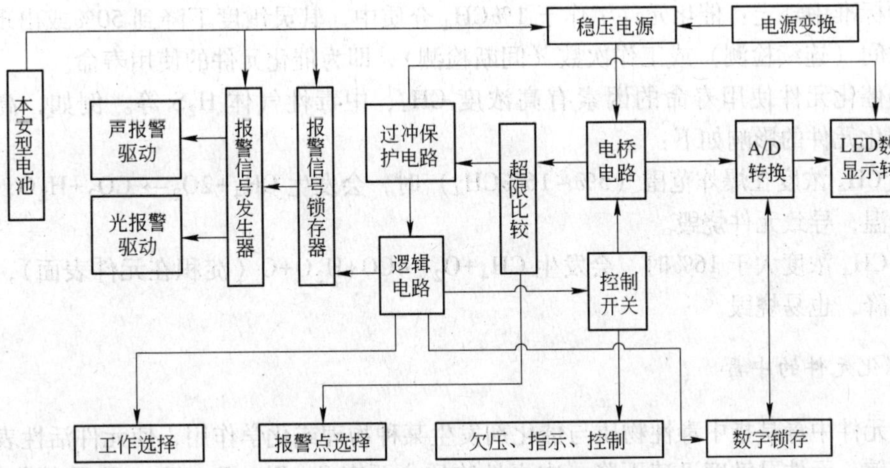

图 3-1　甲烷气体检测原理框图

（1）敏感元件：将被测的非电量转换成另一种便于转换为电量的非电量的器件。

（2）转换元件：将敏感元件所输出的非电量转换为电量的器件，转换元件的输出可以是电信号（电压、电流或脉冲），也可以是电阻、电容和电感等参数的变化。

（3）测量电路：转换元件输出为电信号，通过测量电桥变换成放大后的电信号。测

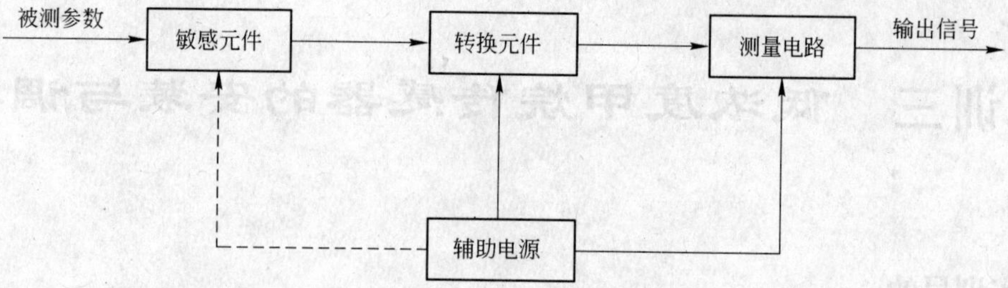

图 3-2　传感器信号转换的组成框图

量电路具有非线性补偿、阻抗和电平匹配、信号的预处理等功能。

（二）催化元件

1. 催化元件的结构、工作特点及影响因素

本实训所用催化元件为铂丝元件，丝径 $\phi 25 \sim 70\mu m$，绕成 $\phi 200 \sim 500\mu m$ 的电阻，集催化、感温为一体。其优点是结构简单，制造容易，抗中毒能力强，适用于含 H_2S 的场所；但缺点是工作温度高达 900～1100℃，铂丝升华，零点漂移，寿命短（连续工作，两周寿命）。

铂丝加热并感温，载体上的催化剂催化 CH_4 燃烧；催化剂的催化性能好，工作温度低，连续工作寿命长（1 年以上）；结构较复杂，易激活，易中毒失效。

催化元件在使用过程中，经历初始活性期（老化处理）、活性稳定期（使用寿命期）和活性不稳定期三个时期。

部颁标准中规定：催化元件工作于 $1\%CH_4$ 介质中，其灵敏度下降到 50%或出现故障的工作时间（连续检测）或工作次数（间断检测），即为催化元件的使用寿命。

影响催化元件使用寿命的因素有高浓度 CH_4、中毒性气体 H_2S 等。例如，高浓度 CH_4 对催化元件的影响如下：

（1）CH_4 浓度在爆炸范围（$5\% \sim 16\%CH_4$）时，会发生 $CH_4+2O_2 \rightarrow CO_2+H_2O$，形成 1300℃高温，导致元件烧毁。

（2）CH_4 浓度大于 16%时，会发生 $CH_4+O_2 \rightarrow CO+H_2O+C$（淀积在元件表面），导致元件 S 下降，也易烧毁。

2. 催化元件的中毒

催化元件中毒是指中毒性物质与催化剂发生某种物理或化学作用，使元件活性表面被破坏或覆盖，元件灵敏度迅速下降。中毒性物质主要有 S、Pb、P、Cl_2、Si 及其化合物，中毒过程随中毒气体浓度的增大而加快。

催化元件的中毒可分为两种：

（1）暂时性中毒——毒物与活性物结合较弱，用 $5\% \sim 6\%CH_4$ 处理（激活），可恢复元件的活性。

（2）永久性中毒——毒物与活性物结合力很强，无法恢复元件的活性。

防止催化元件中毒可以采取以下措施：

（1）提高抗中毒性，如采用铂丝元件。

（2）探头加活性炭过滤，但反应速度要降低。

3. 催化元件的激活特性

当元件在5%~6%CH_4的环境中持续工作3~5min后，灵敏度升高，而后在1%CH_4中工作，S又降到原有值附近，表现为元件工作极不稳定。解决办法：

（1）采用纯铂催化剂，但催化性能会降低。

（2）设置高、低CH_4检测电路，保护传感器。

三、实训内容

（一）传感器的连接

1. 电缆线接线规则

红色线——电源正极（电缆插头1号口）；

蓝色线——电源负极（电缆插头2号口）；

白色线——恒流输出或频率输出（电缆插头3号口）；

绿色线——断电信号（恒流）输出（电缆插头4号口）。

航空插头的序号排列如图3-3所示。

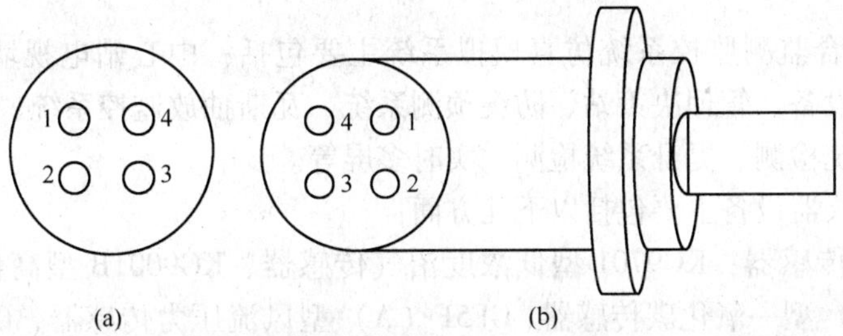

图3-3 航空插头的序号排列

（a）传感器上的插座排列；（b）电缆线上插头的序号排列

2. 连接

（1）模拟量传感器航空插座固定使用三根线，分别为1脚——18V正、2脚——公用地、3脚——信号线。

（2）分站航空插座出来的四根线分别为1脚——18V正、2脚——公用地、3脚——信号1、4脚——信号2。根据设计规划在相应的位置挂好传感器后，将来自分站的专用的电缆接到传感器上。

（3）具体连接方法。

1）若分站的一个传感器端口出来的电缆只接一个传感器，直接将电缆航空插头的缺口对准传感器左侧上方的航空插座的相应位置，插入并旋紧，确保连接可靠。

2）若分站的一个传感器端口出来的电缆需连接两个传感器，则需要使用接线盒，传感器的1、2脚共用分站航空插座的电源正负，两个传感器的3脚与来自分站的专用的电缆线的3、4接口连接，可以区分出信号1（传感器1）及信号2（传感器2）。

（二）传感器的基本结构与类型

（1）气室结构组成：导气罩、防尘垫、隔爆网、反应气室。

（2）气室类型：

1）扩散式——防护性能好，反应速度较慢。

2）对流式——反应速度快，易受风速的影响。

3）半扩散式——防护性能好，反应速度较快。

4）吸入式——不受环境影响，但增加气泵。

（三）传感器的安装与调校

（1）读数值调零。

（2）测量精度调校。

（3）报警值调校。

（4）断电值调校。

（5）故障处理方法。

四、实训环境与仪器设备

KJ90煤矿综合监测监控系统仿真模拟系统主要包括：中心站电视墙、矩阵控制器、主机、网络终端设备、管理决策站、防突预测系统、瓦斯抽放监控系统、火灾束管监控监控系统、电力系统检测、提升系统检测、实时多屏等。

实训所用的仪器设备主要包括以下几方面：

（1）模拟量传感器：KG9701型低浓度沼气传感器、KG9001B型高低浓度沼气传感器、GTH500（B）型一氧化碳传感器、GF5F（A）型风流压力传感器、GW50（A）型温度传感器。

（2）开关量传感器：GML（A）型风门开闭传感器、GT-L（A）型开停传感器、KG8005A型烟雾传感器。

（3）控制与保护仪器设备：KJD-18型井下远程断电器（带馈电）、工控机、KJ90系统软件、KDF-2大分站、信号避雷器KHX90、电源避雷器KHD90。

（4）辅助仪器设备：传感器航空插头、接线盒三通、接线盒二通、蜂鸣器、黑白元件、信号电缆MHYVRP 1×4×7/0.43、微型断路器（空气开关）、万用表专用电池、数字万用表、多功能配电盘、绝缘胶布、万用剥线钳、传感器遥控器专用电池、成套工具箱、发光二极管、节能灯及灯座、传感器与分站连接电缆、照明导线等。

此外，还需使用1%~2%CH_4校准气体、配套的减压阀、气体流量计和橡胶软管、空气样。

五、实训步骤

(一) KG9701 型低浓度甲烷传感器调校前准备

操作步骤 1：准备。

(1) 空气样用橡胶软管连接传感器气室。

(2) 调校零点，范围控制在 0.00%~0.03%CH_4 之内。

(3) 校准气瓶流量计，出口用橡胶软管连接至传感器气室。

(4) 打开气瓶阀门，先用小流量向传感器缓慢通入 1%~2%CH_4 校准气体，在显示值缓慢上升的过程中，观察报警值和断电值。然后调节流量控制阀，把流量调节到传感器说明书规定的流量，使其测量值稳定显示，且持续时间大于 90s。显示值与校准气浓度值应一致。若超差应更换传感器，预热后重新测试。

(5) 在通气的过程中，观察报警值、断电值是否符合要求，注意声、光报警和实际断电情况。

(6) 当显示值小于 1.0 %CH_4 时，测试复电功能。测试结束后关闭气瓶阀门。

图 3-4 所示为甲烷传感器精度调校连接设置。

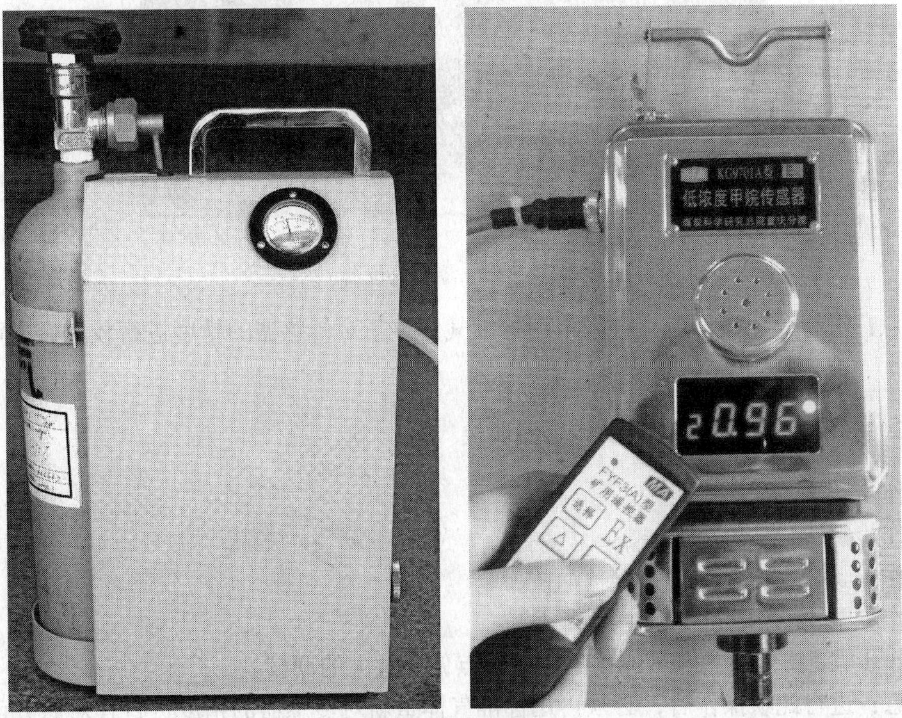

图 3-4　甲烷传感器精度调校连接设置示意图

操作步骤 2：新甲烷传感器使用前或甲烷传感器大修调校。

(1) 配备仪器及器材，包括催化燃烧式甲烷测定器检定装置、秒表、温度计、校准气 (0.5%、1.0%、3.0%CH_4)、直流稳压电源、声级计、频率计、系统分站等。

（2）调校程序。

1）检查甲烷传感器外观是否完整，清理表面及气室积尘。

2）连接甲烷传感器与稳压电源、频率计（或分站），通电预热 10min。

3）在新鲜空气中调仪器零点，零值范围控制在 0.00%~0.03%CH_4 之内。

4）按说明书要求的气体流量，向气室通入 2.0%CH_4 校准气，调校甲烷传感器精度，使其显示值与校准气浓度值一致，反复调校，直至准确。在基本误差测定过程中不得再次调校。

（3）当传感器老化后会出现零点偏离过大的情况。

1）需将遥控器对准传感器的显示窗，同时按动遥控器上的三个按键持续数秒钟（清零），然后立即按动选择键，使传感器显示窗内的小数码管显示“1”。

2）用螺丝刀旋下传感器后盖上的紧固螺丝钉，打开传感器后盖，露出整机电路板。再用专用小螺丝刀调节电路板上的零点电位器 P1，如图 3-5 所示，使传感器的显示回到“0.00”，即完成调校。

图 3-5　P1 零点电位器

注意：进行此项操作后，必须再用标准气体重新对传感器的精度进行校对后方可下井使用。

（二）KG9701 型低浓度甲烷传感器调校

操作步骤 1：零点调校。

操作步骤 2：精度调校。

操作步骤 3：报警点调校。

操作步骤 4：断电点设定、调节。

操作步骤 5：传感器内热催化电桥的零点偏离过大的调校。

注意：进行此项操作后，必须再用标准气体重新对传感器的精度进行校对后方可下井使用。

操作步骤 6：自检。

操作步骤 7：观察并记录 KG9701 型低浓甲烷传感器受到 6%甲烷气体冲击后的现象。

操作步骤 8：观察并记录 KG9701 型低浓甲烷传感器受到 10%甲烷气体冲击后的现象。

（三）实训数据测量与整理

（1）基本误差测定。按校准时的流量依次向气室通入0.5%、1.0%、3.0%CH_4校准气各约90s，每种气体分别通入三次，计算平均值，用平均值与标准值计算每点的基本误差。

（2）在每次通气的过程中同时要观察测量报警点、断电点、复电点和声、光报警情况。以上内容也可以单独测量。

（3）声、光报警测试。报警时报警灯应闪亮，声级计距蜂鸣器1m处，对正声源，测量声级强度。

（4）测量响应时间。用秒表测量通入3.0%CH_4校准气，显示值从零升至最大显示值90%时的起止时间。

（5）测试过程中记录分站或频率计的传输数据。误差值不超过0.01%CH_4或2Hz。

（6）数字传输的传感器，必须接分站测量传输性能。

（7）填写调校记录，测试人员签字。

（四）KGJ15型智能遥控甲烷传感器

1. 工作原理

本传感器由供电电源、传感头及检测电桥、放大器、A/D变换器、红外接收头、单片机以及显示电路和输出电路等部分组成。传感头由气室、黑白元件等组成。将黑白元件置于同一气室中，无瓦斯时，电桥处于平衡。当瓦斯气体进入气室，黑元件的温度升高，阻值增大，而白元件不发生反应，阻值不变，于是破坏了检测电桥平衡，在一定的范围内，产生正比于瓦斯浓度的输出信号。

KGJ15型传感器的原理如图3-6所示。

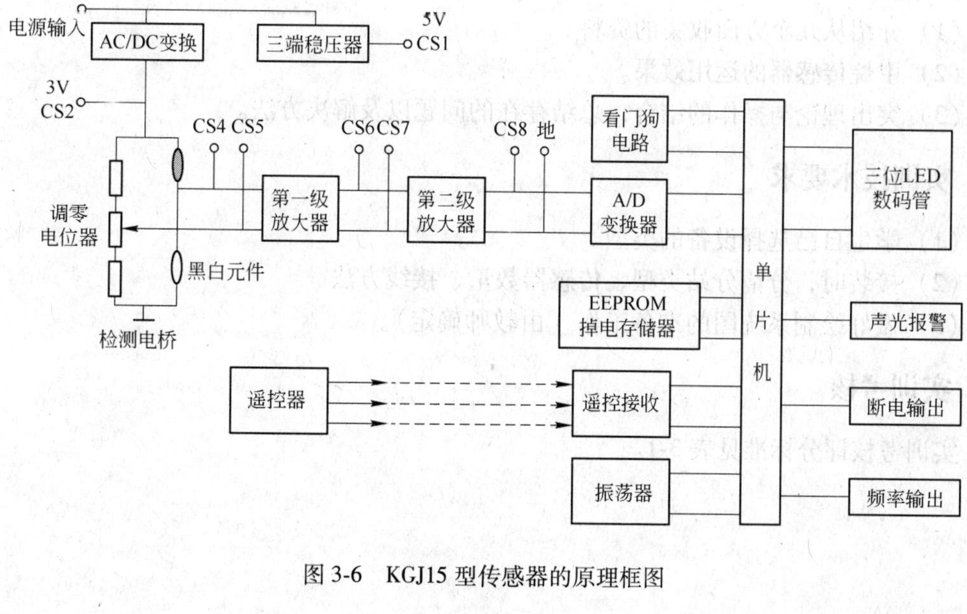

图3-6 KGJ15型传感器的原理框图

2. KGJ15 型传感器操作方法

操作步骤 1：KGJ15 型传感器使用条件应符合技术指标中规定的要求，并按说明书接线，检查无误后方可通电，预热 10min 后方可进行各种调整。

操作步骤 2：传感器应垂直悬挂，传感器与系统分站的距离不大于 1.5km。

操作步骤 3：仪器在使用中要定期进行调零和校正，一般校正周期为 10~15 天。

（五）典型故障现象

（1）传感器显示“L. LL”。

（2）自检时传感器显示“2. AA”或“2. bb”。

（3）报警时有光无声或声音嘶哑。

（4）报警时无声无光。

（5）传感器接收不到遥控信号。

（6）小数码显示的功能位数字乱跳且无法控制。

（7）传感器显示“88. 8”或其他不明字符。

六、实训思考题

（1）简述甲烷传感器报警点、断电点和复电点的设置及与分站的异同。

（2）简述模拟量传感器至分站的连接。

（3）简述甲烷传感器的常规调校、大修后和新传感器使用前的调校方法。

（4）简述 KG9701 型低浓度传感器的接线方法。

（5）简述 KG9701 型传感器的典型故障及调试方法。

七、实训总结

撰写不少于 200 字的实训总结，内容包括：

（1）介绍从几个方面收集的资料。

（2）甲烷传感器的运用效果。

（3）突出理论与操作的结合，总结存在的问题以及解决方法。

八、实训技术要求

（1）学生自己选择设备的类型。

（2）接装时，分清分站类型、传感器数量、接线方法。

（3）做好绘制系统图的准备工作（由教师确定）。

九、实训考核

实训考核评分标准见表 3-1。

表 3-1 实训考核评分标准

考核项目	分值 100	评分标准	应得分	备注
接线图绘制	10	正确	10	包括采煤工作面、掘进工作面的生产系统、线路的布置方式，分站、传感器的布置等
		部分正确	5	
		不正确	0	
熟悉仪器结构	40	非常熟悉	40	包括结构组成、操作、技术参数、常见故障现象等
		较熟悉	25	
		不熟悉	10	
仪器内部接线	30	熟练	30	包括仪器接线的规范性、正确性、合理性，参数标准设置，型号标注等
		较熟练	20	
		不熟练	10	
实训报告	20	认真	20	包括格式、排版、装订是否正确，内容是否充实正确，篇章是否完整等

实训四　高低浓度甲烷传感器的安装与调校

一、实训目的

（1）了解 KG9001B 型智能高低浓度甲烷传感器的结构、原理。

（2）熟悉 KG9001B 型智能高低浓度甲烷传感器的安装、接线、调试方法。

（3）熟悉 KG9001B 型智能高低浓度甲烷传感器的参数设置。

二、实训内容

（一）实训电路原理

高低浓度传感器的测量原理是：利用热导原理组成电桥电路，热导传感器采用电阻温度系数大的金属丝（铂丝或钨丝）或半导体热敏电阻作为敏感元件，如图 4-1 所示。

把性能相同的一对热导元件分别接在电桥电路的两个臂上，其中一只放置在与被测气体的相通的大气中，称作测量元件（R_1）。

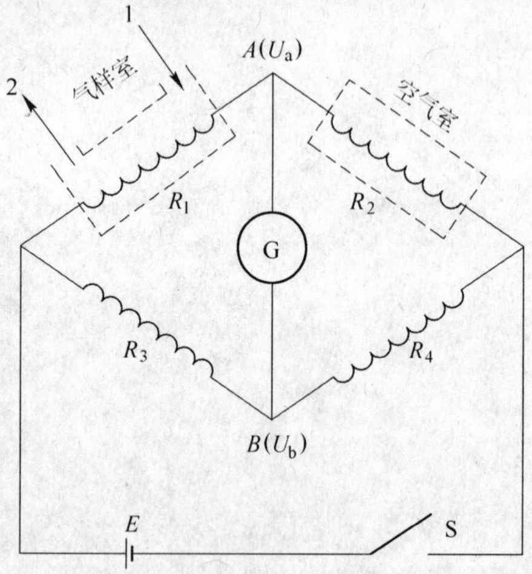

图 4-1　热导式气体浓度检测仪器传感器原理图

1—入气口；2—出气口

KG9001B 型智能高低浓度甲烷传感器测量、放大输出原理如图 4-2 所示。主要的实训内容包括实训电路图、实训系统框图、实训流程图等。

（二）KG9001B 型智能高低浓度甲烷传感器的安装布置

有专用排瓦斯巷的采煤工作面甲烷传感器必须按图 4-3 和图 4-4 设置。甲烷传感器

T_0、T_1、T_2、T_3 和 T_4 的设置与 U 型通风布置相同；在专用排瓦斯巷设置甲烷传感器 T_8，在工作面混合回风流处设置甲烷传感器 T_5，如图 4-3 和图 4-4 所示。高瓦斯和煤与瓦斯突出矿井采煤工作面的回风巷长度大于 1000m 时，必须在回风巷中部增设甲烷传感器。

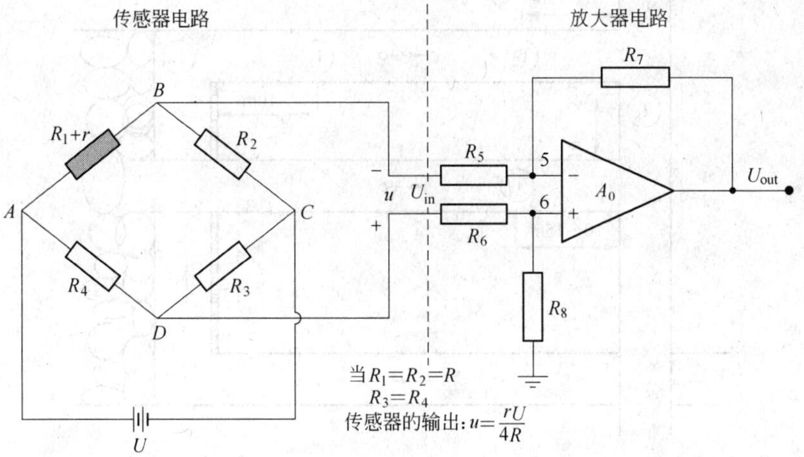

图 4-2 KG9001B 型智能高低浓度甲烷传感器测量原理图

R_1—敏感元件；R_2—补偿元件；R_3，R_4—平衡电阻；AC—电源端；BD—测量端

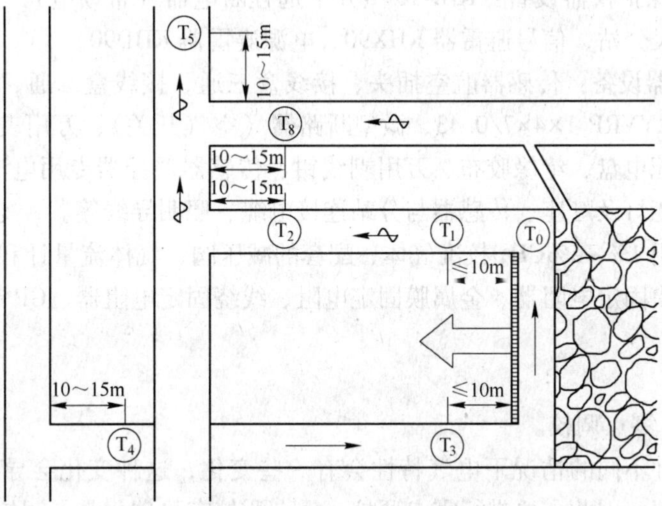

图 4-3 带尾巷的布置

三、实训仪器设备

实训所用的仪器设备主要包括以下几方面：

（1）模拟量传感器：KG9701 型低浓度沼气传感器、KG9001B 型高低浓度沼气传感器、GTH500（B）型一氧化碳传感器、GF5F（A）型风流压力传感器、GW50（A）型温度传感器。

（2）开关量传感器：GML（A）型风门开闭传感器、GT-L（A）型开停传感器、

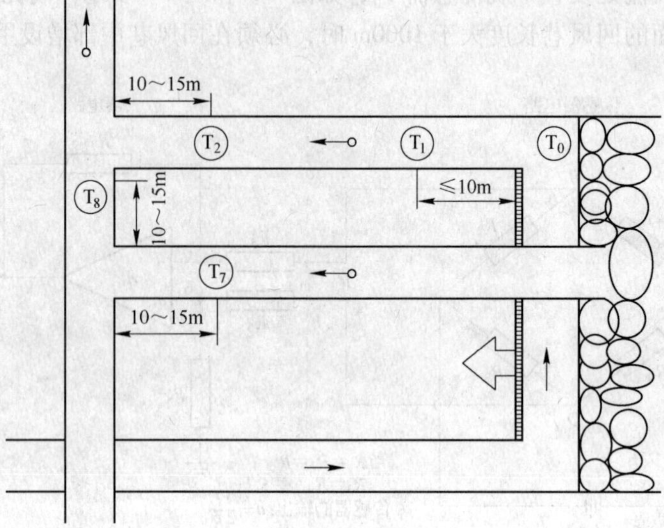

图 4-4　带高抽巷的布置

KG8005A 型烟雾传感器。

（3）控制与保护仪器设备：KJD-18 型井下远程断电器（带馈电）、工控机、KJ90 系统软件、KDF-2 大分站、信号避雷器 KHX90、电源避雷器 KHD90。

（4）辅助仪器设备：传感器航空插头、接线盒三通、接线盒二通、蜂鸣器、黑白元件、信号电缆 MHYVRP 1×4×7/0. 43、微型断路器（空气开关）、万用表专用电池、数字万用表、多功能配电盘、绝缘胶布、万用剥线钳、传感器遥控器专用电池、成套工具箱、发光二极管、节能灯及灯座、传感器与分站连接电缆、照明导线等。

此外，还使用 1%～2%CH_4 校准气体、配套的减压阀、气体流量计和橡胶软管、空气气样一瓶、金属膜固定电阻器、金属膜固定电阻、线绕固定电阻器、GP 超霸电池。

四、实训步骤

操作步骤 1：零点调校。

传感器在各种不同的情况下电气特性会有一些变化，这种变化会导致传感器零点漂移，影响监测数据，因此需要进行零点调校。零点调校有热催化零点调校和热导零点调校两种。

操作步骤 2：精度调校。

传感器在瓦斯环境工作一段时间以后，催化元件会因化学反应而出现变化影响测量精确度，因此需要进行精度调校。精度调校有热催化精度调校和热导精度调校两种。

操作步骤 3：报警点调校。

（1）确定传感器报警点的允许范围：0. 50%～2. 50% CH_4。

（2）当瓦斯达到一定浓度，传感器会报警提示。

（3）使传感器进入正常工作状态。

(4) 将遥控器对准传感器显示窗，轻轻按动遥控器上的选择键，使显示窗内的小数码管显示“5”。

(5) 根据需要分别按动遥控器的上升键或下降键，将显示窗内的数字（即报警点）调节为所需要的数值即可完成本传感器报警点的设置。

操作步骤4：断电点设定、调节。

当瓦斯达到危险浓度，传感器会向分站发出断电指令。

操作步骤5：复电点设定、调节。

操作步骤6：自检。

五、实训思考题

(1) 简述高低浓度甲烷传感器报警点、断电点和复电点的设置及与分站的异同。

(2) 简述高低浓度甲烷模拟量传感器至分站的连接。

(3) 简述甲烷传感器的常规调校、大修后和新传感器使用前的调校。

(4) 简述 KG9001B 型低浓度传感器的接线方法。

(5) 简述 KG9001B 型传感器的典型故障及调试方法。

(6) 传感器无任何显示是什么原因，如何处理?

(7) 传感器无信号输出是什么原因，如何处理?

(8) 遥控无法操作是什么原因，如何处理?

六、实训总结

撰写不少于200字的实训总结，内容包括：

(1) 简述从多方面收集的资料。

(2) 分析运用的效果。

(3) 总结理论与操作相结合存在的问题及解决方法。

七、实训技术要求

(1) 学生自己选择设备的类型。

(2) 分清分站类型、传感器数量、接线方法。

(3) 做好绘制系统图的准备工作（由教师确定）。

八、实训考核

实训考核评分标准见表4-1。

表4-1 实训考核评分标准

考核项目	分值100	评分标准	应得分	备注
接线图绘制	10	正确	10	包括采煤工作面、掘进工作面的生产系统、线路的布置方式，分站、传感器的布置等
		部分正确	5	
		不正确	0	

续表 4-1

考核项目	分值 100	评分标准	应得分	备　注
熟悉仪器结构	40	非常熟悉	40	包括结构组成、操作、技术参数、常见故障现象等
		较熟悉	25	
		不熟悉	10	
仪器内部接线	30	熟练	30	包括仪器接线的规范性、正确性、合理性，参数标准设置，型号标注等
		较熟练	20	
		不熟练	10	
实训报告	20	认真	20	包括格式、排版、装订是否正确，内容是否充实、正确，篇章是否完整等

实训五　其他模拟量传感器的调校

一、实训目的

（1）了解 GT500（A）型一氧化碳传感器、GW50（A）温度传感器、KGF15 风速传感器的结构、组成、主要技术参数与电气工作原理。

（2）掌握 GT500（A）型一氧化碳传感器与 GW50（A）温度传感器的调校，掌握 KGF15 风速传感器的安装、布置与调校。

二、实训内容与原理

（一）GT500（A）型一氧化碳传感器

1. GT500（A）型一氧化碳传感器的检测

矿井有毒气体包括 CO（24×10^{-6}）、NO_x（2.5×10^{-6}）、SO_2（5×10^{-6}）、H_2S（6.6×10^{-6}）、NH_3 等。其中，测量 CO 的基本原理是将环境中扩散的 CO 气体通过过滤尘罩，经传感器的第三元件透气膜扩散进入到具有恒定电位的电极上，在电极催化剂作用下，与电解液中水发生阳极氧化反应，从而获得电信号，电信号的强弱与 CO 的浓度成线性关系。

2. 检知管法测定法

气体缓慢而稳定地流过检知管时，CO 气体与管中试剂发生化学反应，呈现一定的颜色（比色式）或变色长度（比长式），通过对比测知 CO 浓度。

检测剂与 CO 反应后由白色变成棕黄色圈（国产）或由黄色变成黑色（日本），变色圈随 CO 浓度大小而移动。

3. 气相色谱法测定法

分析气样时，通过接在六通阀上的气体定量管，取一定体积的气体。转动六通阀，借来自氢气瓶的载气将气样带入装有 TDX-01 碳分子筛的色谱柱。在色谱柱中各被测组分得到分离，并按氧（来自空气）、一氧化碳、甲烷和二氧化碳的顺序从色谱柱流出，继续通至装镍催化剂的转化炉。

4. GT500（A）型一氧化碳传感器的布置

开采容易自燃、自燃煤层的采煤工作面必须至少设置一个一氧化碳传感器，地点可设置在上隅角、工作面或工作面回风巷，报警浓度为不小于 0.0024%CO。采煤工作面一氧化碳传感器的设置如图 5-1 所示。

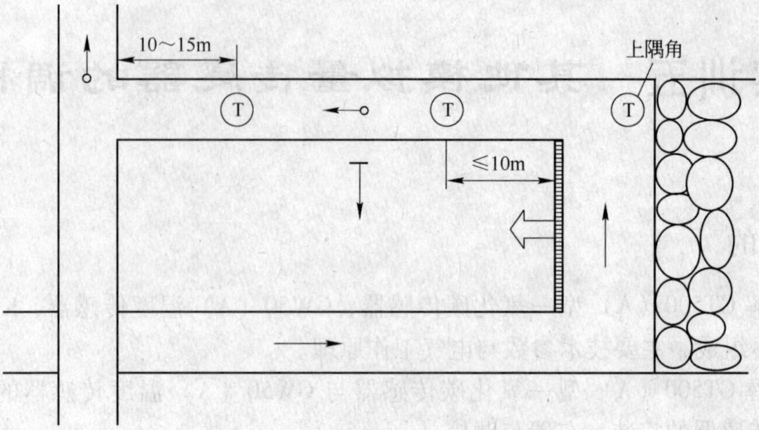

图 5-1　采煤工作面一氧化碳传感器的设置

（二）GW50（A）型温度传感器

1. GW50（A）型温度传感器的检测

利用导体电阻随温度变化的特性，可以制成热电阻。要求其材料电阻温度系数大，稳定性好，电阻率高，电阻与温度之间最好有线性关系。

2. GW50（A）型温度传感器的布置

GW50（A）型温度传感器主要用于煤矿井下的温度监测，适用于井下巷道、工作面瓦斯抽放管道等有必要进行温度监测的场所。

在容易自燃煤层的矿井装备矿井安全监控系统时，应设置温度传感器。温度传感器应布置在巷道的上方，并应不影响行人和行车，安装维护方便，距顶板（顶梁）不得大于300mm，距巷道侧壁不得小于200mm。温度传感器的报警值为30℃，温度传感器除用于环境监测外还可用于自然发火预测。自然发火可根据每天温度平均值的增量来预测，若增量为正，则具有自然发火的可能。为保证能正确反映监测环境的温度，温度传感器应设置在风流稳定的位置，如图 5-2 所示。

（三）KGF15 型风速传感器

1. KGF15 型风速传感器的信号检测

如图 5-3 所示，在离旋涡体一定距离内垂直于旋涡体轴线方向设置一对压电超声换能器，发射换能器发出等幅连续的超声波，当旋涡经过时，等幅连续的超声波束发生折射、反射和偏转，即旋涡频率被超声波束调制，在接收到调制声波后，由调制解调器输出已调制的电信号。这个被调制后的信号经放大滤波整形变成直流脉冲信号。

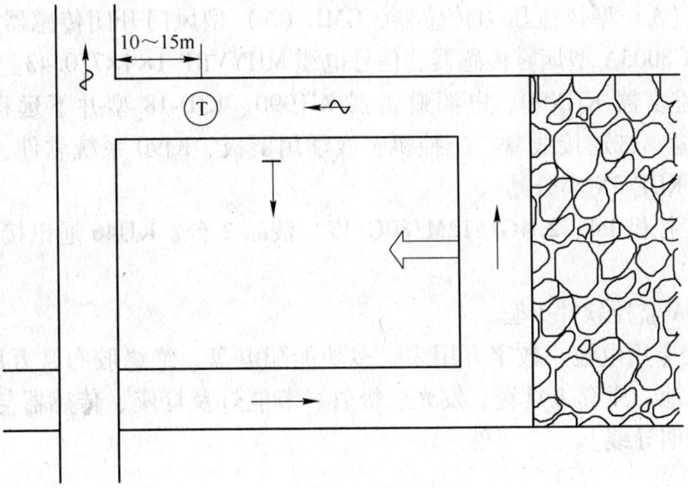

图 5-2 回采工作面回风巷温度传感器的设置

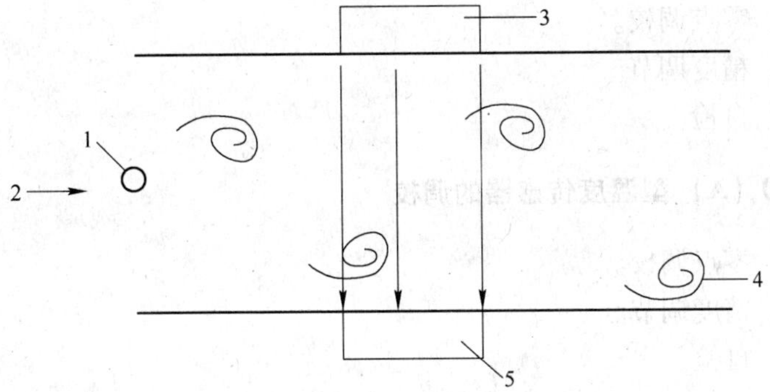

图 5-3 风速传感器信号检测原理

1—旋涡杆；2—风向；3—发射换能器；4—旋涡；5—接收换能器

2. KGF15 型风速传感器的布置

采区回风巷、一翼回风巷、总回风巷的测风站应设置风速传感器。风速传感器应设置在巷道前后 10m 内无分支风流、无拐弯、无障碍、断面无变化、能准确计算风量的地点。当风速低于或超过《煤矿安全规程》的规定值时，传感器应发出声、光报警信号。

风速传感器安置于巷径均匀、风量均匀、空气湿度不大的环境中，并且风速换能器进风口距离巷道顶部 25～35cm。传感器在巷道中可随意放置或放在温度偏高的煤壁附近。其安装位置与图 5-2 中的温度传感器位置相同。

三、实训仪器设备

（1）GT500（A）型一氧化碳传感器 4 台、KGF15 型风速传感器 4 台、GW50（A）型温度传感器 2 台。

（2）标准气体气样、皮管、仪表等。

（3）GF5F（A）型风流压力传感器、GML（A）型风门开闭传感器、GT-L（A）型开停传感器、KG8005A 型烟雾传感器、信号电缆 MHYVRP 1×4×7/0.43。

（4）信号避雷器 KHX90、电源避雷器 KHD90、KJD-18 型井下远程断电器（带馈电）、三通接线盒、二通接线盒、工控机、教学用展板、KJ90 系统软件、KDF-2 大分站、KDF-3 中分站、KDF-3X 小分站。

（5）监控工控机 P4、2.4G/512M/80G/17" 液晶 2 台、KJJ46 通讯接口 2 台、1kVA/2hUPS 电源 1 台。

（6）KJ90NA 监控软件 1 套。

（7）万用表专用电池、数字万用表、多功能配电盘、绝缘胶布、万用剥线钳、传感器遥控器专用电池、成套工具箱、发光二极管、节能灯及灯座、传感器与分站、接电缆、宽透明胶带、照明导线。

四、实训步骤

（一）GT500（A）型一氧化碳传感器的调校

操作步骤 1：零点调校。

操作步骤 2：精度调节。

操作步骤 3：自检。

（二）GW50（A）型温度传感器的调校

操作步骤 1：零点调校。

操作步骤 2：精度调节。

操作步骤 3：自检。

（三）KGF15 型风速传感器的调校

操作步骤 1：精度调校。

操作步骤 2：输出检测。

五、实训思考题

（1）分析一氧化碳传感器的信号检测工作原理。

（2）分析 GT500（A）型一氧化碳传感器的适用场合以及安装位置。

（3）总结一氧化碳传感器的调校与设置方法。

（4）总结 GW50（A）型温度传感器的调校与设置方法。

（5）总结 KGF15 型风速传感器的调校与设置方法。

六、实训总结

撰写不少于 200 字的实训总结，内容包括：

（1）简述从多个方面收集的资料。

（2）分析运用的效果。

（3）研究理论与操作相结合存在的问题及解决方法。

七、实训技术要求

（1）自己选择设备的类型。

（2）分清分站类型、传感器数量、接线方法。

（3）做好绘制系统图的准备工作（由教师确定）。

八、实训考核

实训考核评分标准见表 5-1 所示。

表 5-1 实训考核评分标准

考核项目	分值 100	评分标准	应得分	备注
接线图绘制	10	正确	10	包括采煤工作面、掘进工作面的生产系统、线路的布置方式，分站、传感器的布置等
		部分正确	5	
		不正确	0	
熟悉仪器结构	40	非常熟悉	40	包括结构组成、操作、技术参数、常见故障现象等
		较熟悉	25	
		不熟悉	10	
仪器内部接线	30	熟练	30	包括仪器接线的规范性、正确性、合理性，参数标准设置，型号标注等
		较熟练	20	
		不熟练	10	
实训报告	20	认真	20	包括格式、排版、装订是否正确，内容是否充实、正确，篇章是否完整等

实训六　开关量传感器的安装与调校

一、实训目的

（1）熟悉 GT-L（A）型设备开停传感器的使用方法与结构原理。

（2）掌握 GT-L（A）型设备开停传感器的工作原理与主要技术参数。

（3）掌握 GT-L（A）型设备开停传感器的安装、调试、典型故障处理、灵敏度调校。

（4）掌握 KTC-90 型总线式开停传感器主要技术指标与工作原理。

（5）掌握 KTC-90 型总线式开停传感器的安装设置与典型故障处理。

（6）掌握 KGT9 型矿用机电设备开停传感器的工作原理、安装与使用、典型故障处理。

（7）掌握 GKD（A）型矿用馈电状态传感器工作原理、安装与维护保养。

二、实训内容及原理

（1）GT-L（A）型设备开停传感器。传感器运用磁场感应的测试原理，采取感应的方式，连续监测被控设备的开停状态，并随时将监测到的设备开停状况转换成标准电信号送往井下分站。

（2）KTC-90 型总线式开停传感器。通电导体周围产生磁场，通过感应测试电缆周围磁场的有无来确定电缆有无电流通过，以此鉴别设备的开停状态。

（3）甲烷传感器设置与分站设置区别。传感器上有报警、断电和复电的设置功能，但由于系统结构原因，断电和复电点的设置不具备实际效果。

三、实训环境与仪器设备

GT-L（A）型设备开停传感器的实训环境如图 6-1 所示。

实训设备主要包括：

（1）GT-L（A）型设备开停传感器，监控工控机 P4，2.4G/512M/80G/17" 液晶显示器、2 台，KJJ46 通讯接口、2 台，1kVA/2h UPS 电源、1 台，电源避雷器 KHD90、1 台，信号避雷器 KHX90、2 台，KJ90NA 监控软件、1 套，KDF-2 大分站、3 台，KDF-3 中分站、4 台，主通讯电缆 MHYVRP 1×4×7/0.43、1km、带屏蔽，传感器电缆 MHYVR 1×4×7/0.43、2km。

（2）开关设备、导线、万用表、电动机、磁铁等。

（3）传感器航空插头、接线盒、GP 超霸电池、万用表专用电池、数字万用表、多功能配电盘、绝缘胶布、万用剥线钳、传感器遥控器专用电池、成套工具箱、发光二极管、节能灯及灯座、传感器与分站、接电缆、宽透明胶带、照明导线。

（4）矿用传感器遥控器、黑白元件、普通电池（5 号、7 号）、瓦斯抽放多参数传感器、液体流量传感器、矿用氧气传感器。

图 6-1　GT-L（A）型设备开停传感器的实训环境

四、实训步骤

开关量传感器主要用于监测煤矿井下机电设备（如风机、水泵、局扇、采煤机、运输机、提升机等）的开停、断电等状态，并将监测信号转换成标准 RS485 接口信号传送给矿井生产安全监测系统分站智能口，实现矿井机电设备开停状态自动监测。

KTC-90 型总线式开停传感器结构如图 6-2 所示。

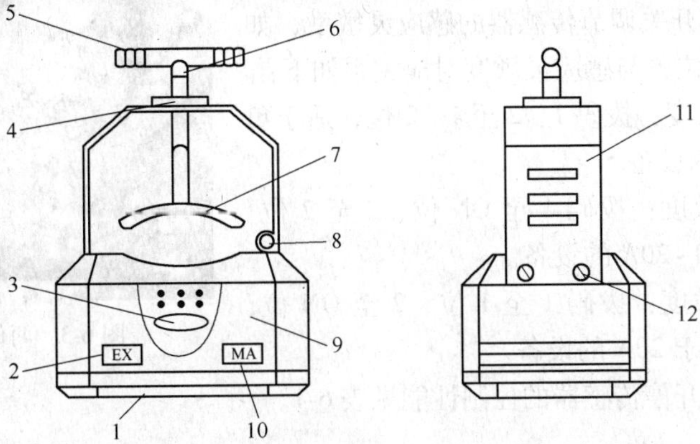

图 6-2　KTC-90 型总线式开停传感器的结构

1—下盖；2—EX 标志；3—显示窗；4—支架螺杆固定块；5—支架提手柄；6—支架螺杆；7—支架电缆压块；8—支架提手铰链；9—上盖；10—MA 标志；11—支架提手；12—螺母

（一）开停传感器

1. GT-L（A）型开停传感器的安装与调校

使用前用户首先要正确完成本传感器与所接井下分站的连接。将来自分站的专用电缆接到传感器上。

安装的具体方法是：将电缆航空插头的缺口对准温度传感器左侧上方的航空插座的相应位置，插入并旋紧，确保连接可靠。

开关量传感器的接头只使用了1、3号口两个接头，分别与电缆线的电源正极和信号1（3号口白色）或信号2（4号口绿色）相连。

（1）电缆线及所连航空插头的接线及颜色规定如下：

红色线——电源正极（电缆插头1号口）；

白色线——恒流（或频率）输出（电缆插头3号口）。

（2）航空插头的序号排列（见配套教材）。

（3）将井下分站传感器连接口的信号线（白色或绿色线）与本传感器的信号线（白色线）相连，将井下分站传感器连接口的电源线（红色线）与本传感器的电源线（红色线）相连。如连接正确，则电源输入正常时绿灯亮。

（4）使用时将传感器的支架电缆压块卡在被控设备开关负荷一侧的电缆上，设备开时，显示窗状态指示红灯亮；设备停时，显示窗状态指示红灯灭。否则，需进行传感器灵敏度调校。

（5）传感器及电缆安装好后，首先检验传感器指示状态与设备运行状态是否相符。

（6）传感器工作情况检验完毕后，使用者还必须检验分站及地面中心站的显示状态是否与被控设备运行状态相符。

调校传感器的方法是：打开传感器后盖，通过电路板上的两位拨码开关调节传感器的感应灵敏度，如图6-3所示。拨码位置与感应灵敏度对应关系如下：

（1）最高灵敏度：拨码1、2至1、2位，适于负载电流为5~10A的设备。

（2）适中灵敏度：拨码1至ON位、2至2位，适于负载电流为10~20A的设备。

（3）最低灵敏度：拨码1至1位、2至ON位，适于负载电流不小于20A的设备。

图6-3　两位拨码开关

GT-L（A）型开停传感器的控制性能见表6-1。

表6-1　传感器控制状态

（mA）

传感器输出状态电流信号	误差值	表示设备状态	传感器指示灯
1	±0.2	设备停	红灯灭
5	±1	设备开	红灯亮

GT-L（A）型开停传感器的典型故障及其处理见表6-2。

表6-2　传感器典型故障分析

序号	故障现象	原因	维修
1	绿灯不亮	电源故障或接线错误	检查电源输入及接线

续表 6-2

序号	故障现象	原 因	维 修
2	被测设备运行时红灯不亮	传感器感应灵敏度低	调整传感器灵敏度
		电路故障	检修电路
3	被测设备停止时红灯亮	传感器感应灵敏度高	调整传感器灵敏度
		电路故障	检修电路
4	分站接收不到信号	传输距离太远	换用粗线径电缆或调整传输距离

当采用四线制传输时，传感器供电电源与输出信号共用四芯电缆，即电源正、电源地、输出串口 1 和串口 2。

传感器上设置的报警点与分站中设置的报警点区别：

（1）分站的报警点能在地面中心站出现报警信息，并通过分站控制测点附近相关联的机电设备运行状态。

（2）传感器的报警点是为了传感器本身的声光报警，用于提醒监测点附近的人员。

2. KTC-90 型总线式开停传感器的安装与调校

（1）在中心站设置分站智能口需安装的传感器通道。

（2）在传感器不通电情况下，根据需安装的传感器，通过电路板上的拨码开关拨定传感器地址码，如图 6-4 所示。地址号按 8421 码算出，即地址号为 1、2、4、8 任意组合相加，ON 位置有效，OFF 位置为 0。注意：同一分站智能口所有传感器地址不能重复。KJ90 分站智能口传感器地址范围为 5~16；当拨码全为 OFF 时，地址为 16。

图 6-4 电路板上的拨码开关

（3）将分站传感器接口与传感器电缆线相连，此时电源指示绿灯亮，表示电源输入正常。

（4）将负荷电缆卡入传感器感应部位，在被测设备运行时，状态信号指示灯红灯亮，表示传感器感应信号正常。

（5）传感器与分站通讯正常时，通讯指示灯黄灯闪烁。

（6）确认电缆卡好，安装好传感器。

（7）检验传感器指示状态与设备开/停状态是否相符，分站和中心站显示的状态与设备开/停状态是否相符。

（8）典型故障处理见表 6-3。

表 6-3　典型故障原因分析

序号	故障现象	原　因	维　修
1	绿灯不亮	电源故障或接线错误	检查电源输入及接线
2	被测设备运行时红灯不亮	传感器卡固位置不当	调整传感器位置
		电路故障	检修电路
3	被测设备停止时红灯亮	传感器周围其他磁场影响	调整传感器位置，避开影响
		电路故障	检修电路
4	分站接收不到信号	传感器地址码设置错误	重新设置传感器地址
		传输线路故障	检修线路

3. KGT9 型矿用机电设备开停传感器的安装与调校

利用测定磁场的方式，间接地测定设备的工作状态。由于通电导体的周围必定产生磁场，因此只要测出电缆周围有无磁场存在，即可检测出电缆内有无电流通过，就可鉴别设备的开/停状态。对于三相交流供电的机电设备，利用三相电流的不平衡性及电缆周围磁场分布的不均匀匀性，测量磁场的有无来测定设备的开/停状态。机电设备供电电流越大，磁感应信号就越强。感应出的信号，经放大、检波、信号变换、信号显示、信号输出等环节，送至分站或其他信号传输设备。

（1）安装。KGT9 型矿用机电设备开停传感器接线示意如图 6-5 所示。

若传感器供电电源与输出信号共用二芯电缆，常用的输出形式有 5mA/1mA、8mA/2mA、10mA/5mA。

若传感器供电电源与输出信号使用三芯电缆，一芯做本安输入电源的正电源线，一芯做输出信号线，另一芯为共用线，常用的输出形式有 5mA/0mA、1mA/0mA、TTL 电平。

若传感器供电电源与输出信号使用四芯电缆，二芯做本安输入电源线，二芯做输出信号线，常用的输出形式有±5mA、无电位继电器接点、TTL 点平点。

（2）调校。

1）在负荷电缆上寻找合适的位置卡固好传感器。

2）当被测设备工作时，只要将传感器的圆弧侧紧靠通电的供电电缆外皮平滑移动，显示窗内发光二极管绿灯亮。

3）沿电缆左右平移时，若出现绿灯灭、红灯亮时，则找出两侧红灯的位置，取其中间位置卡固好传感器即可。

4）卡固后的传感器应反复开/停被检测设备，检验绿/红灯是否对应转换。准确无误后将传感器卡固牢靠，并在电缆上作出适当的位置标志，尽可能安装在不易被碰刚的地方，防止变位影响检测。

（3）典型故障处理。KGT9 型矿用机电设备开停传感器故障分析与处理见表 6-4。

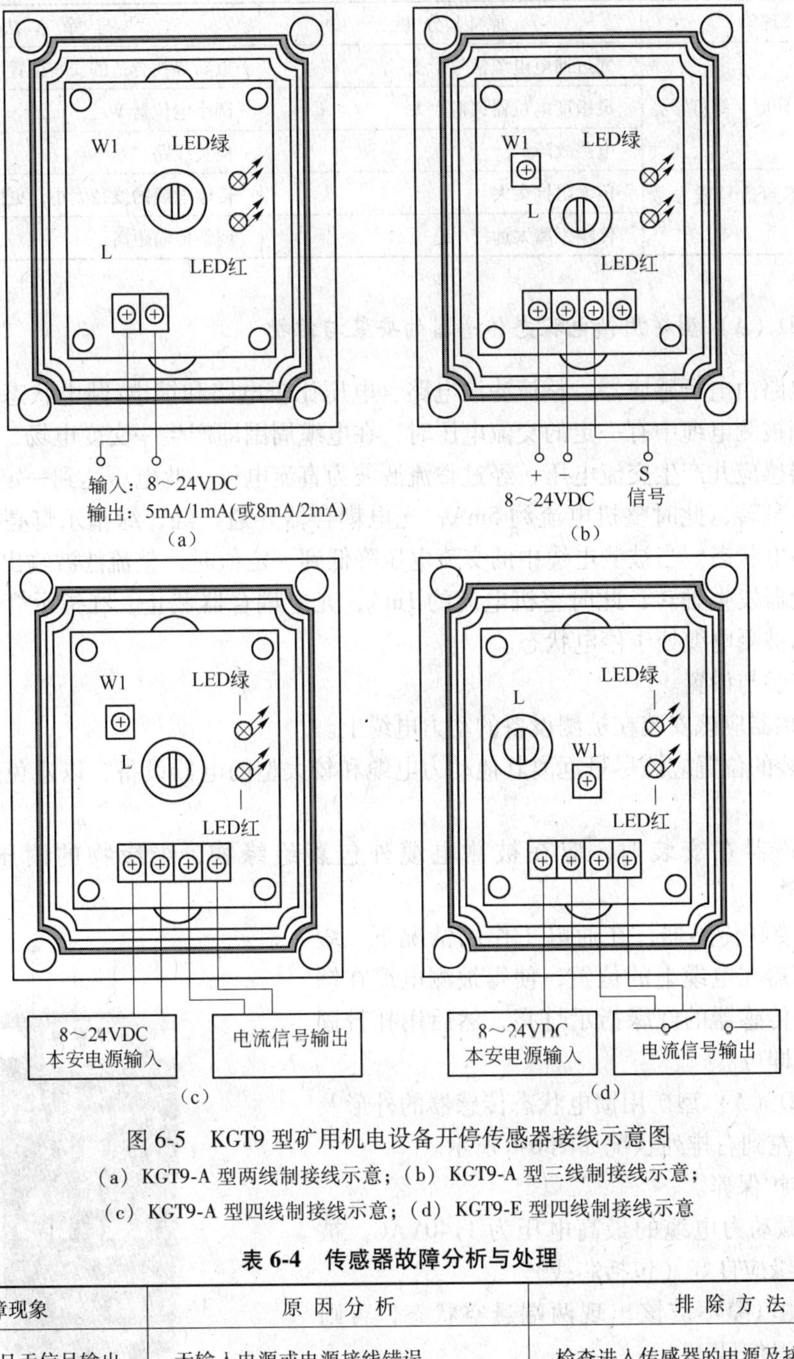

图 6-5　KGT9 型矿用机电设备开停传感器接线示意图

（a）KGT9-A 型两线制接线示意；（b）KGT9-A 型三线制接线示意；
（c）KGT9-A 型四线制接线示意；（d）KGT9-E 型四线制接线示意

表 6-4　传感器故障分析与处理

故障现象	原因分析	排除方法
发光管不亮且无信号输出	无输入电源或电源接线错误。	检查进入传感器的电源及接线是否正确
被测设备开启时，绿灯不亮	感应信号太弱	调整传感器与电缆的安装位置
	传感器卡固位置不对	应装在被测设备负荷测电缆上
	灵敏度电位器调得太小	调大电位器 W
	电路故障	检查线路

续表 6-4

故障现象	原因分析	排除方法
被测设备关闭时，绿灯常亮	邻近通电电缆信号干扰	重新寻找合适的安装位置
	灵敏度电位器调得太大	调小电位器 W
	电路故障	检查线路
分站接收不到信号或参数超差	传输阻抗太大	传输电缆的线径太小，更换电源
	传输距离太远	调整传输距离

4. *GKD（A）型矿用馈电状态传感器的安装与维护*

整机电路由电场感应器、整流滤波电路、电压比较电路和馈电/断电状态指示二极管等组成。当被测电缆中有一定的交流电压时，在电缆周围即产生一交变电场，传感器中的电场感应器感应并产生交流电压，经过整流滤波为直流电压。此电压达到一定幅度时，比较器即发生翻转，此时整机电流约 5mA，光电耦合器导通，红、绿指示灯亮，表示被测电缆处于馈电状态。当被测电缆中的交流电压降低到一定值时，整流滤波输出的直流电压降低，比较器发生翻转，此时整机电流约 1mA，光电耦合器截止，红指示灯亮，绿指示灯熄，表示被测电缆处于停电状态。

（1）安装与设置。

1）传感器应该安装在被测设备的动力电缆上。

2）安装的位置应该尽量远离其他动力电缆和较大型的电器设备，以避免外来电磁场的干扰。

3）传感器在安装时，应在被测电缆外包裹绝缘物，绝缘物的耐压强度应大于 4200VAC。

4）连接好传感器，在通电工作的情况下，缓慢调整传感器在电缆上的位置，使得被测电缆在馈电状态时，传感器的红绿指示灯亮，然后用扎带固定好传感器即可。

5）GKD（A）型矿用馈电状态传感器的外形及外接引线从左到右排列状况如图 6-6 所示。

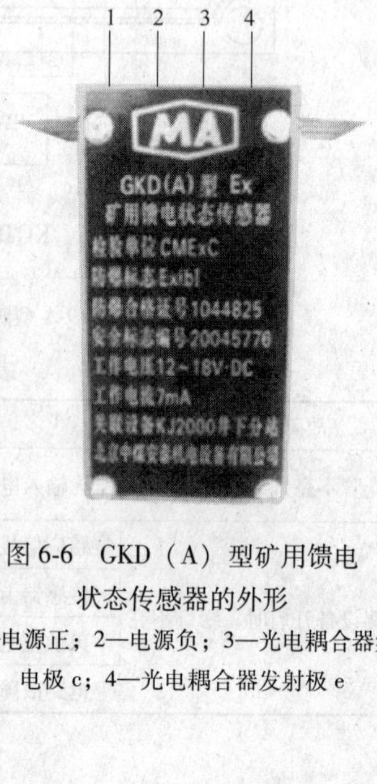

图 6-6 GKD（A）型矿用馈电状态传感器的外形

1—电源正；2—电源负；3—光电耦合器集电极 c；4—光电耦合器发射极 e

（2）维护保养。

1）被测动力电缆的最高电压为 1140VAC。被测电缆的绝缘应良好（包括芯线）。

2）被测电缆不应该出现两端悬空状态，否则可能发生错误信号。

3）屏蔽电缆、金属铠装电缆的电场被屏蔽，仪器不能正确检测，可接一段同等电压等级的橡套电缆，并将仪器卡固在该段电缆上。

4）连接传感器的信号电缆如较长，最好采用屏蔽电缆，以防干扰。

5）连接传感器的井下分站外壳必须接大地，以防干扰。

（二）KG8005A 型烟雾传感器

KG8005A 型烟雾传感器用于煤矿井下有瓦斯和煤尘爆炸危险及火灾危险的场所，能对烟雾进行就地检测、遥测和集中监视，能输出标准的开关信号，并能与国内多种生产安全监测系统及多种火灾监控系统配套使用，亦可单独使用于带式输送机巷火灾监控系统。

当火灾场所产生的烟雾进入到传感器内的检测电离室，位于电离室中的检测源镅 241 放射 α 射线，使电离室内的空气电离成正负离子。当无烟雾进入时，内外电离室因极性相反，所产生的离子电流保持相对稳定，处于平衡状态；火灾发生时，释放的气溶胶亚微粒子及可见烟雾大量进入检测电离室，吸附并中和正负离子，使电离电流急剧减小，改变电离平衡状态而输出检测电信号，经后级电路处理识别后，发出报警，并向配套监控系统输出报警开关信号。

整机电路由稳压、信号检测、信号处理、比较触发、信号输出及声光报警等电路组成。

1. 安装

（1）为了避免由放炮炮烟引起的误报，传感器尽量不要安装在炮烟经过的位置。

（2）传感器的安装应尽量避开粉尘浓度较大的场所，如转载机头等。

（3）传感器应安装在被保护开关设备的负荷端，对于皮带设备应该安装在其下风口 5 ~50m 内。

（4）传感器安装好后，应检查传感器工作是否正确，有无误报警现象发生。

（5）传感器工作情况检查完毕，还必须检验分站及地面中心站的显示状态与被控设备运行状态是否相符。

（6）根据需要应每月或每季度定期清扫和检查一次传感器。检查时，一般是吹一口香烟，传感器在 60s 内传感器发出声光报警。传感器的定期清扫，主要根据现场粉尘浓度而定：在粉尘浓度不大的场所，一般半年左右；在粉尘较大的场所，一般 3~6 个月；在粉尘特别大的场所，应 1~3 个月。

（7）清洗方法：拆开传感器百叶窗，用棉花蘸上酒精擦洗去元件外壳的粉尘，恢复安装即可。

2. 灵敏度调校

根据不同烟雾环境情况，要对传感器灵敏度进行调节。打开传感器后盖，调节电位器 RP1，测 IC3 第 13 脚电压，如图 6-7 所示。其电压值与感应灵敏度对应关系见表 6-5。

表 6-5 电压值与感应灵敏度对应关系

电压值/V	灵敏度
≤2.0	低灵敏
2.1~2.7	中灵敏
2.8~3.4	高灵敏
≥3.5	最高灵敏

注：一般选择中灵敏度即可。

图 6-7　电位器 RP1 与 IC3 集成芯片

3. 典型故障处理

(1) 信号输出不满足要求。通过调节 RP2 或 RP3，使其满足要求，RP2、RP3 位置如图 6-8 所示。

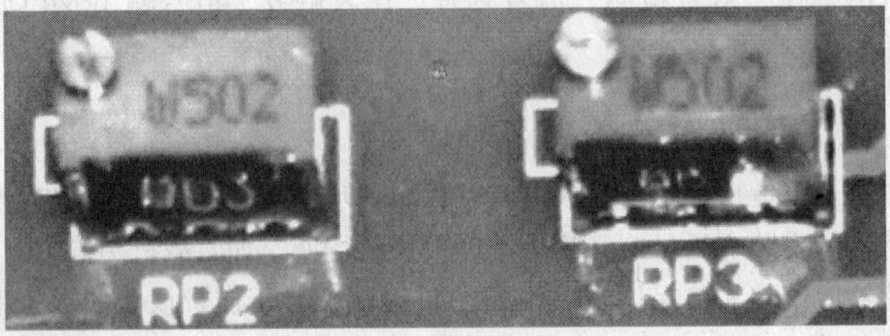

图 6-8　电位器 RP2、RP3

(2) 传感器误报警。通过调节 RP1，调低 IC3 第 13 脚电压，降低灵敏度，如还误报警，则检查晶体管 N1 或 N2，如图 6-9 所示，必要时予以更换。

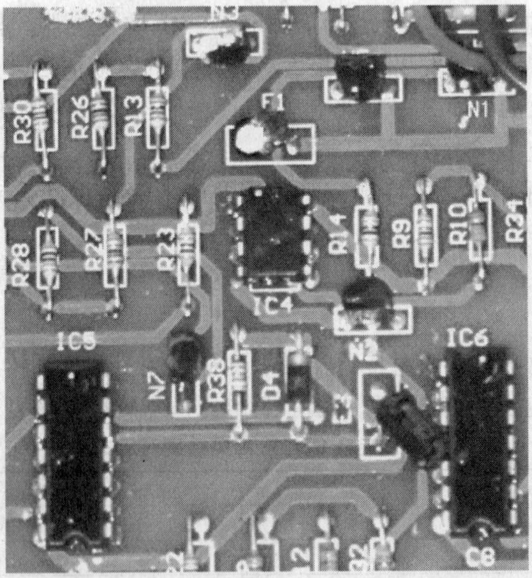

图 6-9　N1、N2 晶体管及 IC5、IC6 集成芯片

(3) 传感器对烟雾无反应，不能正常工作。调节 IC3 第 13 脚电压，提高灵敏度；若

还无反应，则可能是元件问题，必要时予以更换。

（4）报警时有光无声音或声音嘶哑。首先应检查蜂鸣器的连接有无断线，如无断线则属蜂鸣器故障。此时可先用橡胶等弹性物对蜂鸣器片予以衬垫以排除嘶哑现象。如不行，则更换蜂鸣器片。

（5）报警时无光无声。如传感器显示已达报警值但传感器仍无光无声，若经检查确定报警灯连接线无断线时，检查传感器电路板上的集成器件 IC5、IC6 和晶体管 N1、N2，如图 6-10 所示，必要时予以更换。

（三）KGU9901 型液位传感器

（1）传感器的调校。

1）用户使用前应仔细阅读使用说明书。

2）用皮尺测量好待测液体深度。

3）将传感器主机安放好并将传感头放入液体底部，液体底部如有淤泥，应将传感头向上提升到无淤泥位置。

出厂的液位传感器已调试好，量程是 0~5m 的液位对应 1~5mA 或 200Hz~1kHz 的输出信号，显示对应 0.00~5.00m。打开液位传感器机盖，按原理图进行调试。W1~W4 电位器位置如图 6-10 所示，具体位置见电路板标识。

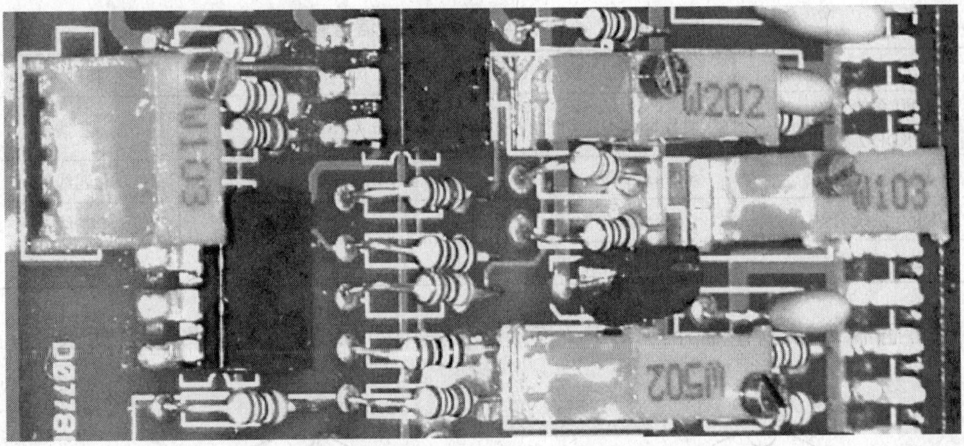

图 6-10　液位传感器电位器位置

（2）零点调校。

（3）精度调校。

（4）典型故障及其处理见表 6-6。

表 6-6　典型故障及其处理

故障现象	原因分析	排除方法	备　注
使用一段时间无反应	传感头淤泥堵塞	传感头用清水冲洗	不能用尖锐物品刺刮
1~2 年后使用无反应	传感头使用期限到了	更换新传感头	传感器整机须重新调试
传感器无输出信号	传感器右侧指示灯灭	需更换 V/F	传感器整机须重新调试

（四）GML（A）型风门开闭传感器

该传感器采用电磁感应原理，灵敏度高可靠性好，体积小安装方便，是能长时间连续在井下工作的开关量传感器。风门开闭传感器由主风门、副风门两部分组成。风门传感器外形结构如图 6-11 所示。

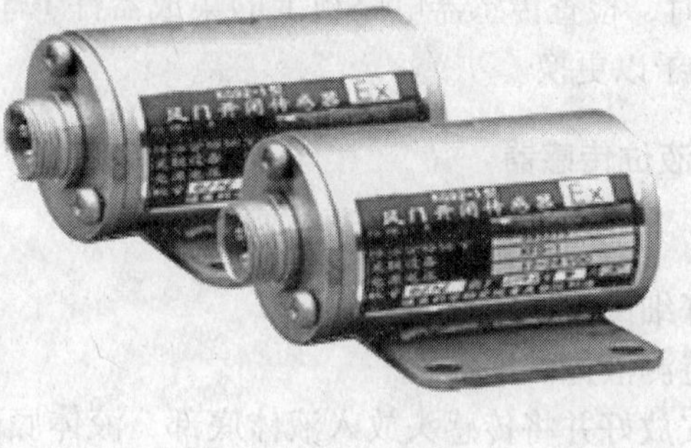

图 6-11　风门传感器

1. 风门传感器航空插头接线连接

风门传感器接入不同类型监控系统的信号输出状态见表 6-7。

表 6-7　不同类型监控系统的信号输出

井下分站电源箱型号	风门开状态	风门闭状态	接线制式
KJ90 系统分站 KDF-2 型	≤1.5mA DC（红灯亮）	≥4mA DC（黄灯亮）	二线制
KJ4 系统分站	≤-4mA DC（红灯亮）	≥+4mA DC（绿灯亮）	四线制
KJ66 系统分站	触点常开	触点常闭	二线制
KJ95 系统分站	触点常开	触点常闭	二线制

当传感器与 KJ90 系统分站 KDF-2 连接时，采用的二线制接法如图 6-12 所示。

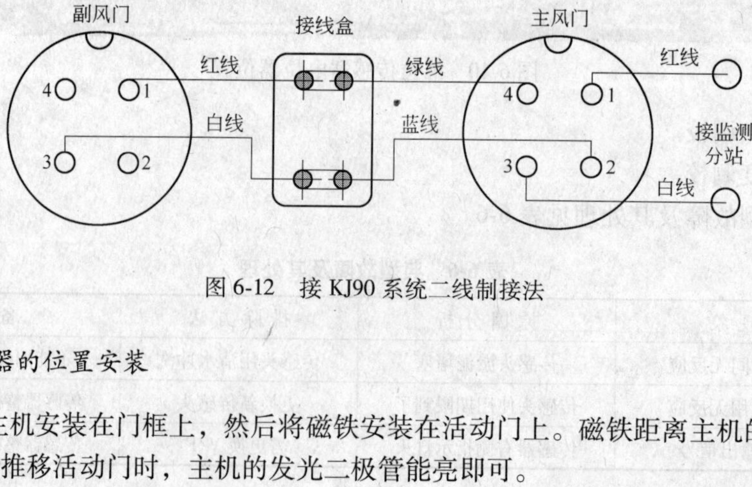

图 6-12　接 KJ90 系统二线制接法

2. 传感器的位置安装

首先将主机安装在门框上，然后将磁铁安装在活动门上。磁铁距离主机的距离应不大于 40mm，当推移活动门时，主机的发光二极管能亮即可。

五、实训思考题

（1）简述 KTC-90 型总线式开停传感器的结构、工作原理。

（2）简述 GT-L（A）型矿用馈电传感器的安装、调校、灵敏度校验方法。

（3）简述三种开关量传感器至分站的连接方法与调校方法。

（4）简述与主、副风门传感器的连接和至各种分站的连接方法。

（5）简述三种开停传感器灵敏度调校方法。

（6）简述 KGT9 型矿用机电设备开停传感器故障分析与处理方法。

（7）简述 GKD（A）型矿用馈电状态传感器安装、调校、灵敏度校验、故障分析与处理方法。

六、实训总结

撰写不少于 200 字的实训总结，内容包括：

（1）简述从多个渠道收集的资料。

（2）分析教学运用的效果。

（3）分析理论与操作相结合存在的问题及解决方法。

七、实训技术要求

（1）学生自己选择设备的类型。

（2）分清分站类型、传感器数量、接线方法等。

（3）做好绘制系统图的准备工作（由教师确定）。

八、实训考核

实训考核评分标准见表 6-8。

表 6-8　实训考核评分标准

考核项目	分值 100	评分标准	应得分	备　注
接线图绘制	10	正确	10	包括采煤工作面、掘进工作面的生产系统、线路的布置方式，分站、传感器的布置等
		部分正确	5	
		不正确	0	
熟悉仪器结构	40	非常熟悉	40	包括结构组成、操作、技术参数、调试等
		较熟悉	25	
		不熟悉	10	
仪器内部接线	30	熟练	30	包括仪器接线规范性、正确性、合理性，参数标准设置，型号标注等
		较熟练	20	
		不熟练	10	
实训报告	20	认真	20	包括格式、排版、装订是否正确，内容是否充实、正确，篇章是否完整等

实训七　断电器的安装与调试

一、实训目的

（1）了解计算机信息网络的接地方法、KHX90 型通讯线路避雷器的用途和工作原理、KHX90 型通讯线路避雷器的使用与维护注意事项。

（2）掌握 KDG3D 型矿用断电器的显示窗口显示状态含义、操作、安装、调试方法、使用维护注意事项。

（3）掌握 KDG-1 型远程断电器的工作原理能绘制其工作原理框图。

（4）了解 KDG-2 型远程断电器的用途。

（5）掌握 KDG-2 型远程断电器的工作原理、显示窗口显示状态含义、操作、安装、调试方法、使用维护注意事项。

二、实训内容

（1）分站的近程断电和远程断电、控制回路常开和常闭的意义及作用。

（2）各类断电器的结构及作用（KDG-1、KDG-2、KFD-4、KJD-18）。

（3）各类断电器的识别，分站近程断电和远程断电常开、常闭的设置及连接。

（4）各类断电器至分站、防爆开关的连线，断电器跳线的设置。

（5）断电器常见故障处理。

三、实训环境与仪器设备

分站远程断电和近程断电实训环境如图 7-1 所示。

分站远程断电和近程断电安装接线设备包括：

（1）KDG-1、KDG-2、KFD-4、KJD-18 型断电器，信号避雷器 KHX90，电源避雷器 KHD90，MHYVRP1×4×7/0.43 信号电缆，KJD-18 型井下远程断电器（带馈电）三通接线盒，二通接线盒，工控机，教学用展板，KJ90 系统软件，KDF-2 大分站，KDF-3 中分站，KDF-3X 小分站。

（2）开关设备、导线、万用表、电动机、磁铁等。

四、实训原理

（一）分站远程断电和近程断电的作用

1. 断电器的作用

当分站采集到传感器检测的值超过或低于对应的限值时，控制磁力启动器和馈电开关等装置，启动或关停煤矿井下设备的低压开关回路控制井下机电设备的运行，从而保护井

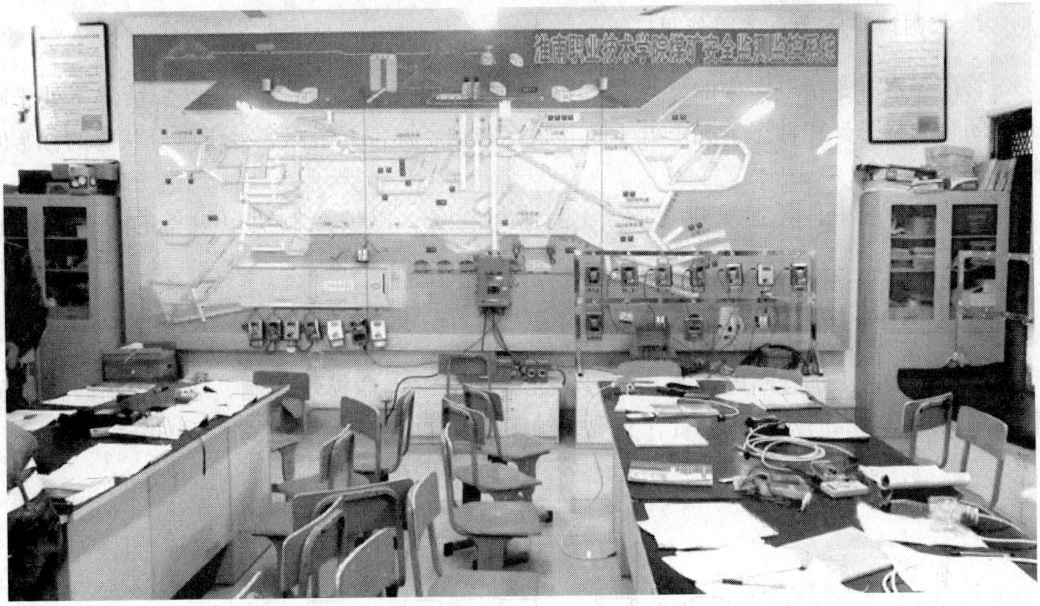

图 7-1 分站远程断电和近程断电安装与接线实训环境

下所有具有爆炸危险场所的生产安全。

分站的断电分为近程断电和远程断电：

（1）当井下机电设备距离分站在 30m 以内，可以采用分站的近程断电直接控制机电设备的开关回路，如图 7-2（a）、（c）所示。

（2）当超过 30m 以后，需要通过分站的控制口连接断电控制器，再连接到防爆开关的低压开关控制回路控制机电设备的运行，如图 7-2（b）、（c）所示。

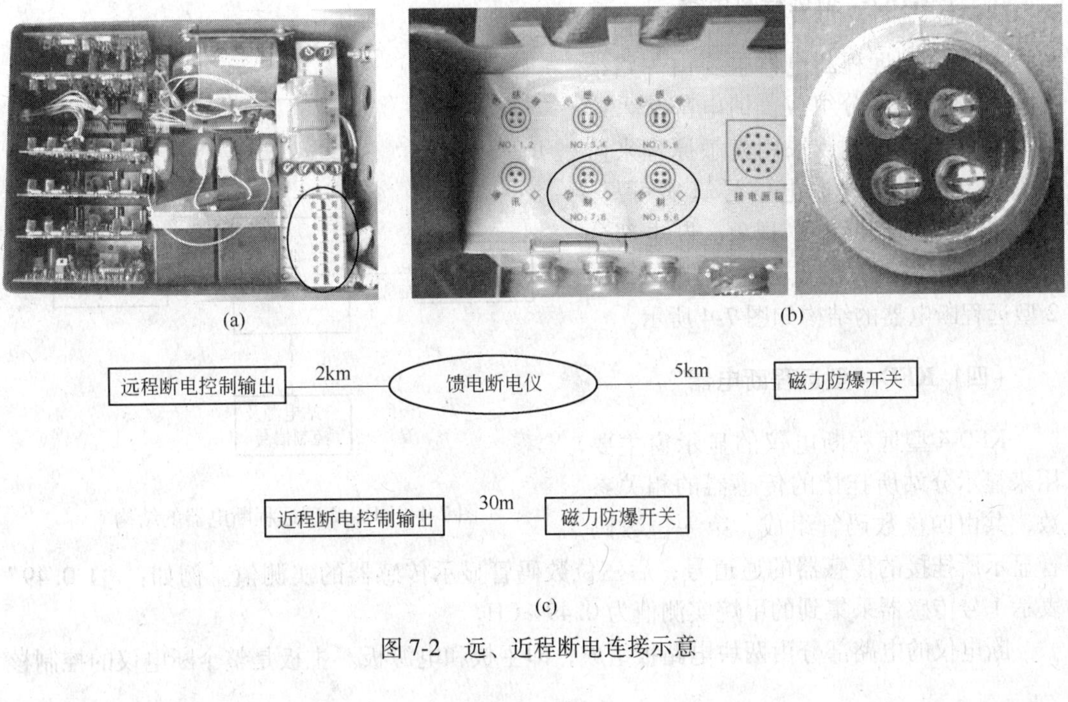

图 7-2 远、近程断电连接示意

2. 控制回路常开、常闭作用

常闭、常开是指电路中的接点（如继电器的接点）在常态（不通电）情况下处于断开或闭合的状态。在常态情况下处于断开状态的触点称常开触点，处于闭合状态的称常闭触点。

在监控系统中，既有常开设备，也有常闭设备，以便控制机电设备的正常启动和停止。

（二）KDG-1 型井下远程断电器

KDG-1 型井下远程断电器采用先进的无源固态继电器模块控制，通过控制回路与负载回路之间的电隔离及信号耦合，实现无触点通断开关功能。其电路原理如图 7-3 所示。

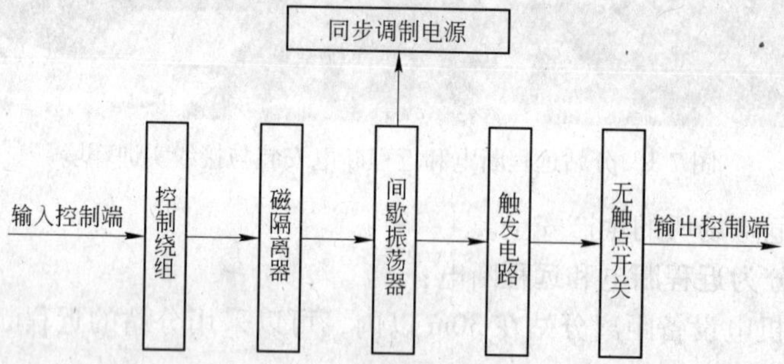

图 7-3　KDG-1 型远程断电器电路原理框图

（三）KDG-2 型远程断电器

KDG-2 型远程断电器主要由一路馈电及一路断电部分组成。馈电部分采用直接接线至负荷侧，采用光敏原理来监测开关是否带电，馈电信号真实可靠，能防止井下“假断电”现象。断电部分采用高压继电器，触点方式控制。KDG-2 型远程断电器的结构如图 7-4 所示。

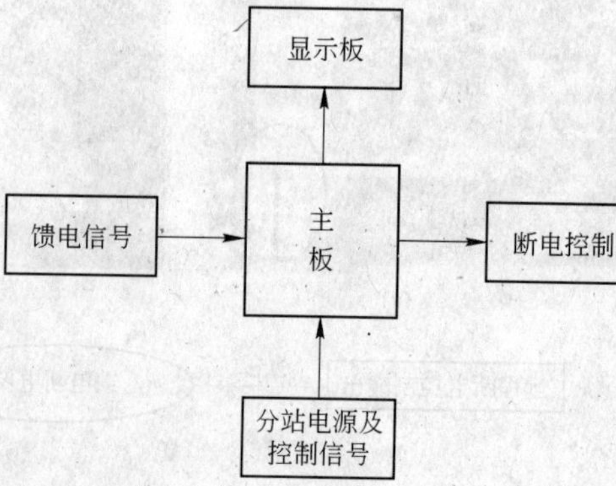

图 7-4　KDG-2 型远程断电器的结构

（四）KFD-4 型远程断电器

KFD-4 型远程断电仪的显示窗主要用来显示分站所挂接的传感器的相关参数，共由四位数码管组成。第一位数码管显示所挂接的传感器的通道号；后三位数码管显示传感器的实测值。例如：“1 0.49”表示 1 号传感器采集到的甲烷实测值为 0.49%CH_4。

断电仪的电路部分由两块电路板组成，即主板和电源板。主板是整个断电仪的控制核心，它由 89C52CPU 芯片、数据采集、控制、就地显示、红外接收以及复位和看门狗电路等组成。

（五）KJD-18 矿用隔爆兼本安型馈电断电器

KJD-18 矿用隔爆兼本安型馈电断电器外观结构如图 7-5 所示。它主要由两路馈电及两路断电部分组成。馈电部分直接接线至监测电源处，通过光敏电阻阻值的变化来判断开关是否带电。这种方式性能可靠，去除了原有感应式馈电传感器抗干扰能力差、虚假信号多的缺点，防止井下假断电。断电部分采用军工级高压继电器，电平、触点方式均可控制，性能可靠。

图 7-5　KJD-18 矿用隔爆兼本安型馈电断电器外观结构

五、实训步骤

（一）分站断电控制口的连接与设置

分站断电控制有两路输出——近程断电输出和远程断电输出。近程断电输出不需要接断电控制器，直接连接到被控设备，大分站有 4 路，中分站和小分站各有 1 路，位于分站电源箱内，大分站有具体的控制口路数标示。远程断电输出需要通过断电控制器连接分站和断电设备，大分站有 4 路，中分站有 3 路，小分站有 1 路，位于分站接口插座控制口，如图 7-6 所示。

1. 分站近程断电控制连接

（1）断电控制经分站的电源箱的两个喇叭口引出。

（2）把电源箱去电，将电缆穿过喇叭口引入电源箱中，剥开外皮，压接在端子排上。

（3）如果是中、小分站，一线始终固定在公共端，另一条线根据具体控制的机电设备不同选择常开和常闭连接。如果是大分站，根据前面的设计要求压接在相应的断电 1~4 控制口上（大分站近程断电都是默认的常闭状态），如图 7-7 所示。

（4）调整好长度，依次送入喇叭口中的胶垫圈、铜垫圈、压紧螺母，并将其拧紧、压牢，不得松动。

（5）盖好隔爆外壳箱盖，给分站电源箱加电。

（6）通过中心站和分站的手控、程控操作分别对继电器进行测试，确保控制无误后，再在现场使用。同时不要忘记将中心站的调试设置改为正常使用。在不需要使用近程断电的场合，必须将两个喇叭口密封好，保证隔爆要求。

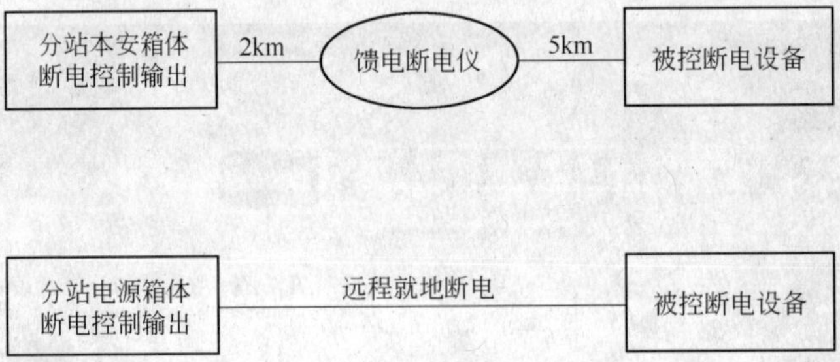

图 7-6　断电连接方法示意图

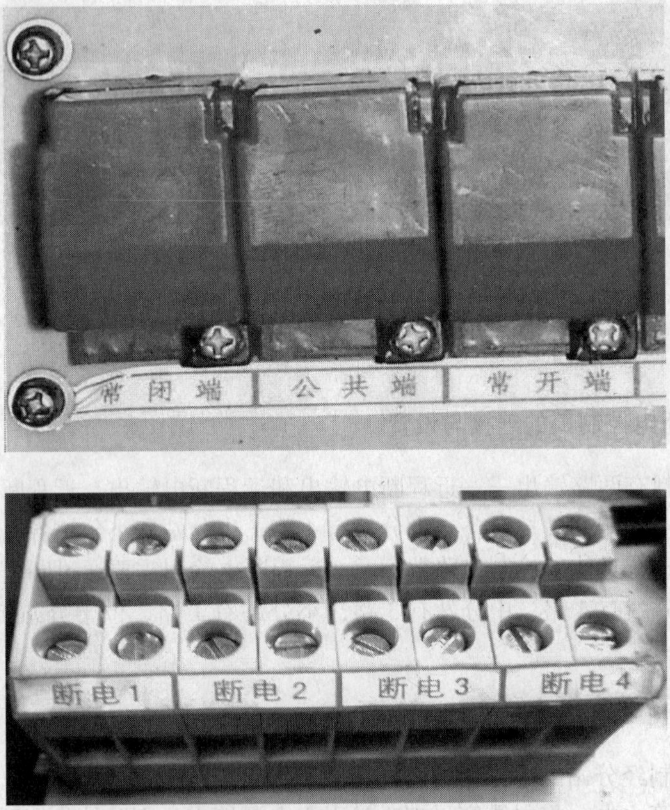

图 7-7　近程断电接线装置

2. 分站远程断电控制回路的连接与设置

控制口输出线和传感器用线是一样的，都采用4芯线连接，这里只需要区别红、蓝代表一组控制回路，白、绿代表一组控制回路（红蓝代表控制口的小数控制通道、白绿代表控制口的大数控制通道），如图7-8所示。连好后接到远程断电器，再接到防爆开关。

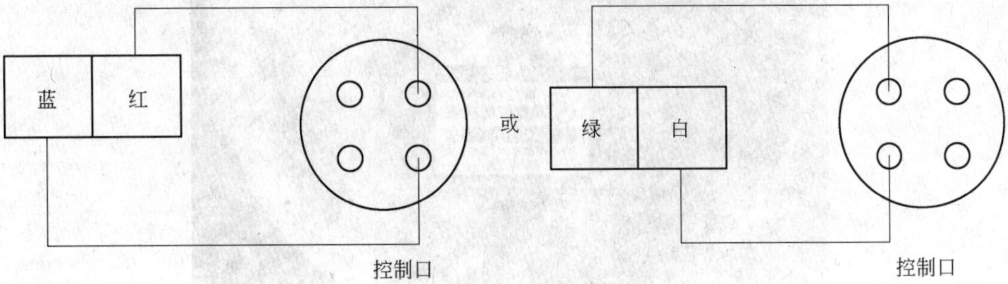

图7-8 远程断电控制口连线示意

注意：远程断电应根据机电设备的状态选择设置控制口的常开、常闭状态（通过设置图7-9白圈中的跳线进行相应设置）。

图7-9 分站上远程控制口常开、常闭设置示意

（二）断电器的连接与设置

1. KDG-1型断电器的连接与设置

打开断电器上盖，内有一个电路模块，有两对接线端子：一对为输入端子，接分站的

远程断电控制口的输出线，不区分正负极（无源触点控制信号）；一对为输出端子，用以将断电器串接在防爆开关的36V交流控制回路。KDG-1型井下远程断电器内置模块接线如图7-10所示。

图7-10　KDG-1型远程断电器内置模块接线图

KDG-1型井下远程断电器输入控制信号为无源触点信号，输出控制为可控硅触点。其内置模块的输入信号为本安型，输出控制为非本安型，所以模块输入/输出不能反接，且输出控制仅限于36V交流控制回路。安装好后，如要进行断电控制，可通过远端输入控制信号，使指示灯亮，表示断电控制；不输入控制信号，指示灯灭。

2. KDG-2型远程断电器的安装

（1）安装与设置。

1）用内六角扳手将该设备的内六角螺丝拧下来，打开装置上盖。

2）将被控开关负荷侧馈电源通过喇叭口1接入，并压接在图7-11（b）的1装置上。

3）使用时，根据现场实际情况改变输入端的电压等级插头，如图7-11（b）、（c）的接口4，插入到相应的电压等级插头。

4）通过喇叭口2将断电控制输出触点2串接于被控防爆开关控制回路中。

5）根据现场实际情况改变输出端的常开常、闭状态插头，如图7-11（b）、（c）的接口5所示。

6）通过喇叭口3将电源及控制信号3装置与监控分站的远程断电控制口输出线相连。

（2）注意事项。

1）检查设备内部接线是否松动、脱落，如有不对，应及时修正。检查无误后，方可连接装置，通电观察各部分是否正常工作。

2）避免剧烈振动和冲击。

3）应按井下电器设备防爆面的规定，维护好设备的防爆面。

4）电缆出线口密封圈应压紧，盖板的螺丝应拧紧。

5）设备使用时，若发生短路应及时切断电源。

6）严禁将设备放在被水直接滴淋的地方。

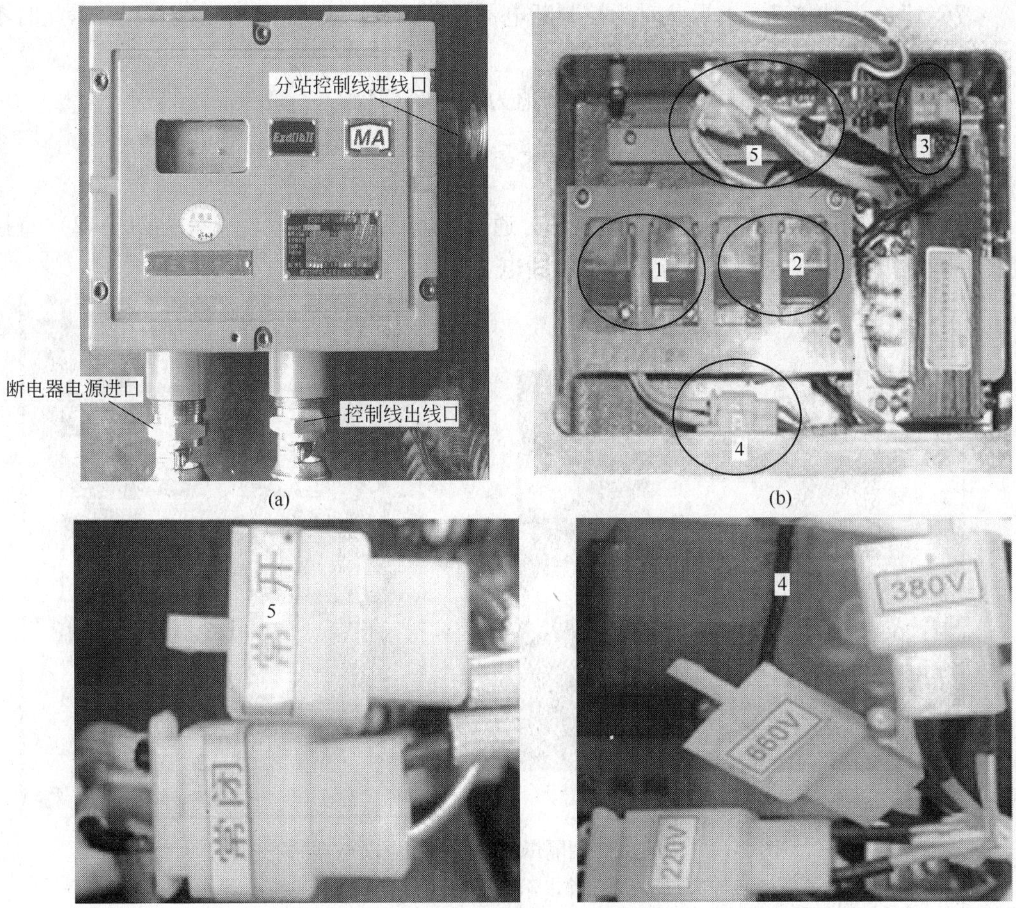

(c)

图 7-11　KDG-2 型远程断电器内置模块接线图

1—电源接入装置；2—断电控制输出装置；3—分站远程断电输入控制装置；4—电源等级接口；5—常开、常闭接口

7）开盖时应确保交流电切断，绝不容许带电操作。

8）危险场所严禁开盖。

3. KFD-4 型断电仪的连接

（1）交流电源输入。使用时，根据现场实际情况改变输入端的电压等级插头，插入到相应的电压等级插头，并通过喇叭嘴接入内部的交流接线端上。

（2）断电控制输出。断电仪的控制输出有两种类型：常开和常闭。使用时应根据被控设备的控制情况选择常开或常闭触点，然后将被控制设备的控制回路串接在断电仪的控制输出上。断电仪的控制回路的出厂默认值为 660VAC，继电器触点串接的保险为 0.5A。若控制回路的断电控制等级设为 36VAC 时，继电器触点串接的保险则应更换为 5A。

（3）传感器的挂接。将需要挂接的传感器接入内部的 6 个压线端子上。

（4）红外遥控。红外遥控主要是用来对 KFD-4 型断电仪进行相关工作的状态设置。在红外遥控设置时显示窗参数的意义如下：

“H HHH”：表示进入红外遥控状态；

“d 001”：为功能 0，即此时该分站的地址设置为 01 号；

“7C-1”：为功能 7，表示此时为控制断电器控制口；“BC- -”：为功能 B，表示此时不控制任何口；

“51. 50”：为功能 5，表示此时设置的值为 1. 50%CH_4。

4. KJD-18 矿用隔爆兼本安型馈电断电器的连接

KJD-18 可同时实现两路控制，馈电部分通过馈电源输入装置 1、2（见图 7-12）直接接线至监测被控设备电源处，防止井下假断电。

图 7-12　KJD-18 矿用隔爆兼本安型馈电断电器的连接

1—断电输出 1；2—断电输出 2；3—馈电输入 1；4—馈电输入 2；
5—馈电传感器 2 路控制输入；6—分站 2 路断电控制输入

（1）断电控制输出装置 1、2 接至防爆开关的低压控制回路的接线装置上；

（2）KJD-18 既可以直接连接传感器进行控制（通过图 7-13 中红圈中的 18V+、地和两个信号接线装置 1、2 进行），也可以由分站控制端口控制，控制图 7-12 中的 1、2 口连接分站的控制输出。

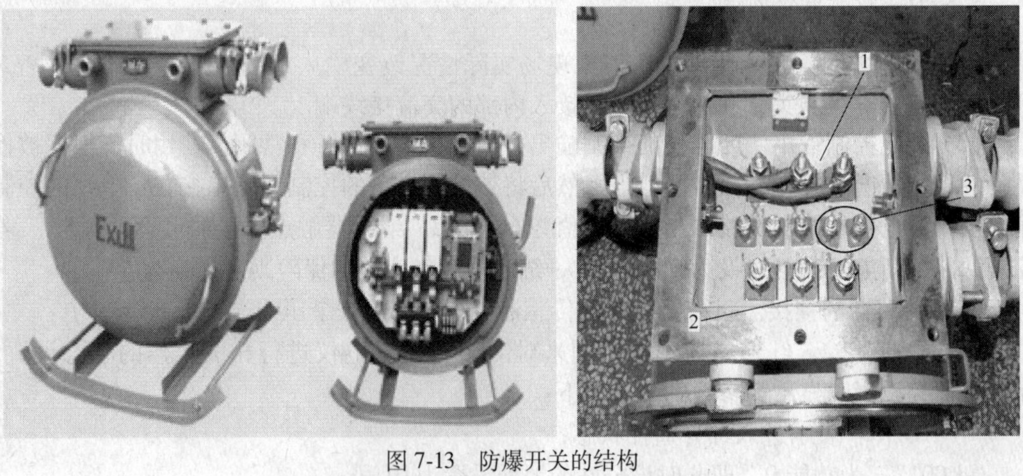

图 7-13　防爆开关的结构

1—电源输入；2—电源输出；3—低压控制回路

5. 断电控制器与电磁启动器和防爆开关的连接

防爆开关控制机电设备的运行，它由电源输入端、输出端和低压控制回路组成。各种防爆开关的控制装置连线不完全一样（根据对应的说明书连线），接到断电器的输出控制端。

（1）QBZ-80D/660 型电磁启动器瓦斯电闭锁，将断电控制器的常开接点接入 QBZ-80D/660 型电磁启动器 2、8 端子（见图 7-14），当瓦斯超限或分站无电后，开关断电闭锁。

（2）BKD1-500/1140.660 矿用隔爆型真空馈电开关瓦斯电闭锁，将分站断电的常开接点接入开关欠压线圈回路（见图 7-15），当瓦斯超限或分站失电后，断电控制继电器释放，开关断电闭锁。

（3）BGP9L-6A 矿用隔爆型高压真空开关瓦斯电闭锁可参照图 7-16 接线，将分站断电的常闭接点接入开关后腔单元的 4、5 端子，当瓦斯超限或分站失电后，断电控制继电器释放，开关断电闭锁。

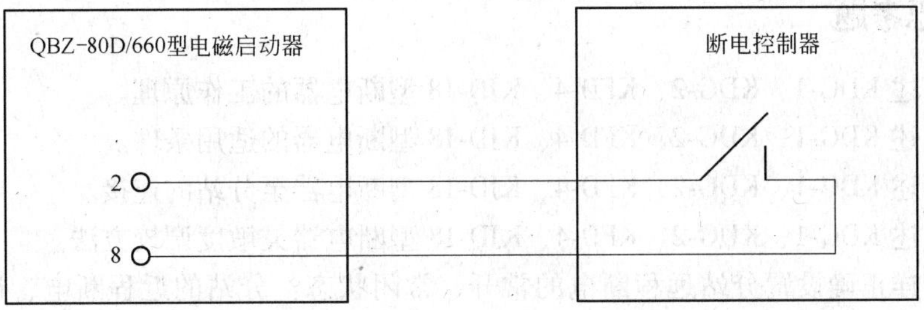

图 7-14　QBZ-80D/660 型电磁起动器瓦斯电闭锁接线原理图

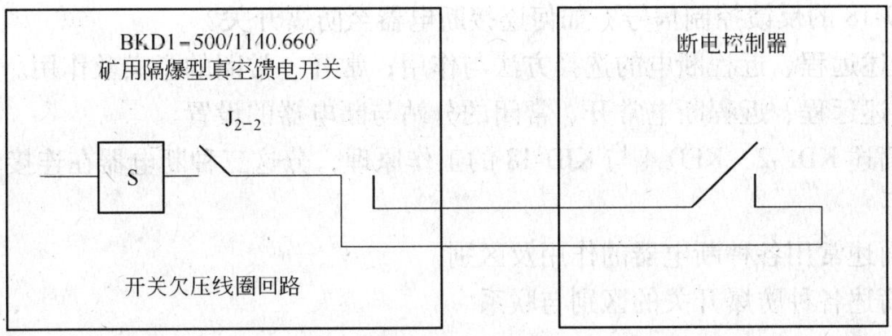

图 7-15　BKD1-500/1140.660 矿用隔爆型真空馈电开关瓦斯电闭锁接线原理图

6. 断电器故障分析

（1）在安全的地方或在地面进行检查。

（2）检查断电器的输入电源电压是否正常。

（3）检查保险管是否完好，确保断电器工作正常。

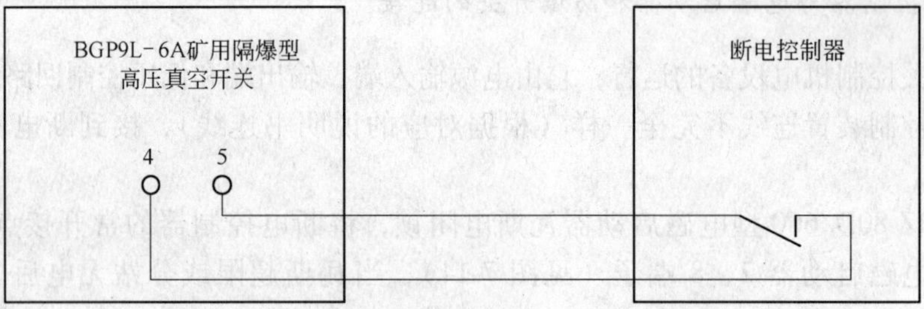

图 7-16　BGP9L-6A 矿用隔爆型高压真空开关瓦斯电闭锁接线原理图

（4）检查断电器的输入控制信号是否正常：如果输入控制信号不正常，检查相应的线路和分站的控制端口信号输出和对应的传感器是否有故障；如果正常，看是否有输出控制信号，判断断电器是否有故障。

（5）分站电源箱工作时出现显示值不准确、乱断电等情况，可考虑电路主板上的芯片 X25045P 等是否出现故障、传感器类型初始化设置是否正确。

六、实训思考题

（1）简述 KDG-1、KDG-2、KFD-4、KJD-18 型断电器的工作原理。

（2）简述 KDG-1、KDG-2、KFD-4、KJD-18 型断电器的适用条件。

（3）简述 KDG-1、KDG-2、KFD-4、KJD-18 型断电器至分站的连接。

（4）简述 KDG-1、KDG-2、KFD-4、KJD-18 型断电器灵敏度调校方法。

（5）怎样正确设置分站远程断电的常开、常闭状态？分站的近程断电、远程断电如何连接？

（6）怎样正确连接 KDF-1、KDF-2、KFD-4、KJD-18 的输入、输出信号？

（7）如何正确连接和设置 KDF-2、KFD-4 的常开、常闭状态？如何连接 KDF-2、KFD-4、KJD-18 的反馈控制信号？如何连接断电器至防爆开关？

（8）简述远程、近程断电的选择方法与作用；常开、常闭的意义及作用。

（9）简述远程、近程断电常开、常闭的分站与断电器的设置。

（10）简述 KDF-2、KFD-4 与 KJD-18 的工作原理，分这三种断电器在连接与设置方面的不同。

（11）简述常用各种断电器的作用及区别。

（12）简述各种防爆开关的区别与联系。

七、实训总结

撰写不少于 200 字的实训报告，内容包括：

（1）简述全方位收集的近、远程与分站连接的相关资料。

（2）分析操作、安装方法。

（3）分析理论与操作相结合存在的问题及解决方法。

八、实训技术要求

（1）学生自己选择断电设备分站、磁力开关的类型。
（2）分清电磁开关的类型、传感器控制数量、系统接线方法。
（3）做好绘制系统图的准备工作（由教师确定）。

九、实训考核

实训考核评分标准见表 7-1。

表 7-1　实训考核评分标准

考核项目	分值 100	评分标准	应得分	备　注
接线图绘制	10	正确	10	包括开关线路的绘制、分站、传感器的布置，开关设备的结构与安装等
		部分正确	5	
		不正确	0	
熟悉设备结构	40	非常熟悉	40	包括设备的结构组成、技术参数、操作方法、安装接线与调试等
		较熟悉	25	
		不熟悉	10	
仪器内部接线	30	熟练	30	包括仪器接线的规范性、正确性、合理性，参数标准设置，型号标注等
		较熟练	20	
		不熟练	10	
实训报告	20	认真	20	包括格式、排版、装订是否正确，内容是否充实、正确，篇章是否完整等

实训八 井下分站的安装与维护

一、实训目的

（1）了解 KDF-2 型井下分站的功能、结构、主要参数。

（2）熟悉 KDF-2 型井下分站工作原理。

（3）掌握监控分站的安装、接线、调试、维护方法。

（4）掌握监控分站常见故障检修方法。

（5）能识读监控分站的工作原理图及安装图。

（6）了解分站接口的作用与特点。

（7）掌握分站号的作用，报警值、断电值、复电值的作用，分站异常的处理，分站的设置保存，分站故障检查流程。

（8）会区分分站类型，会分站接口的连接，会设置分站的参数。

二、实训内容

KDF-2 型分站电源箱在装配结构上采用单腔结构，内腔体积较大，方便操作。喇叭口在后侧面，便于出线；在电气结构上采用模块化设计，元器件使用少，集成电路先进，结构规整，易于维护。

如图 8-1 所示，KDF-2 型分站电源箱内部主要由箱体、电路板、变压器、蓄电池、接线板等部件组成。电路板主要有充电板、12V 板、18V 板，它们通过插拔的形式连接在底板上。充电板用于蓄电池的充电及交直流的转换，每个分站只有一块；12V 板将变压器送来的 24V 电压经处理后给分站供电，每个分站只有一块；18V 板是将变压器送来的 27V 电压经处理后给传感器供电，不同类型的分站数量有所不同，如 KDF-2 型分站有四块、KDF-3 型分站有两块。每块 18V 板具有相互独立的两条电路输出，可以给两个传感器接口供电，即可满足四个传感器设备的供电需求。

分站箱体表面的显示窗是反映分站工作状态的重要部件。如图 8-2 所示，显示窗分为数码管显示窗和发光二极管显示窗两部分。

数码管显示窗在分站正常工作时会循环显示分站所有传感器通道的工作情况。分站的 2 号传感器通道采集数据 0. 63，对应传感器类型为 A。当分站处于调试模式时，数码管显示窗将显示相关调试参数。

发光二极管显示窗由 20 个发光二极管组成，它们通过发光来反映分站的控制、通讯、电源和供电方式等状态，工作中可通过观察排除部分故障。若发光二极管从左至右依次编号为 1~20，则 1~8 表示分站的 8 路控制输出的控制执行情况，亮起表示已执行控制动作；9 表示电源的供电方式，不亮为交流供电，亮起为直流供电；10 表示与地面监控中心的通讯情况，正常情况应为有规律的闪烁；11 表示风电瓦斯闭锁功能的启闭指示，亮

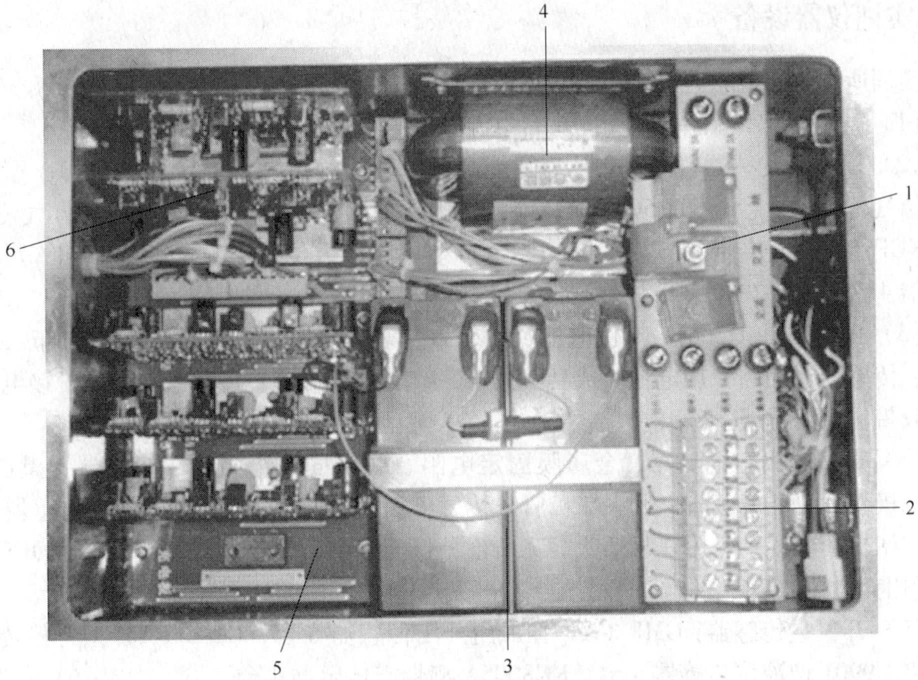

图 8-1 KDF-2 型分站电源箱的内部结构

1—电源接线柱；2—近程断电接线孔；3—蓄电池；4—变压器；5—电路底板；6—电路板

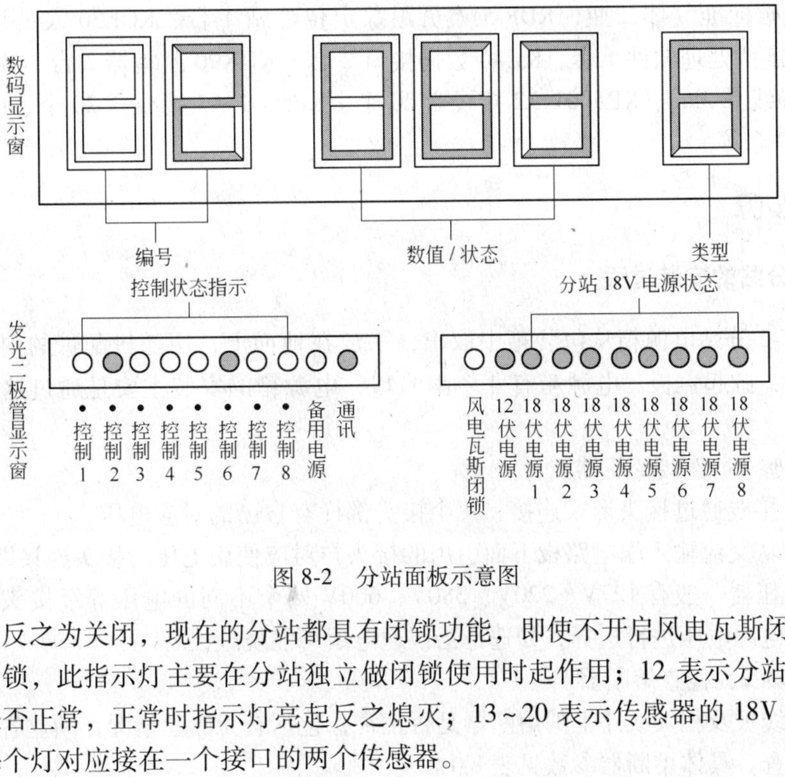

图 8-2 分站面板示意图

起为开启，反之为关闭，现在的分站都具有闭锁功能，即使不开启风电瓦斯闭锁功能同样也能实现闭锁，此指示灯主要在分站独立做闭锁使用时起作用；12 表示分站本身工作的 12V 电源是否正常，正常时指示灯亮起反之熄灭；13～20 表示传感器的 18V 电源供电是否正常，每个灯对应接在一个接口的两个传感器。

三、实训仪器设备

实训所用仪器设备包括：

（1）2 台 KDF-2 型井下分站、1 台电源箱。

（2）模拟量传感器：KG9001C 型智能高低深度沼气传感器 6 台、KG9701A 型智能低深度沼气传感器 6 台、GTH500（B）型一氧化碳传感器 2 台、GY25 型矿用氧气传感器 2 台、KGF15 型风速传感器 6 台、GF5F（A）型风流压力传感器 6 台；GW50（A）型温度传感器 4 台、AZJ-2000 型甲烷检测报警仪 10 台。

（3）操作工具：万用表专用电池、数字万用表、多功能配电盘、绝缘胶布、万用剥线钳、传感器遥控器专用电池、成套工具箱、节能灯及灯座、传感器与分站、接电缆、宽透明胶带、照明导线。

（4）金属膜固定电阻器、金属膜固定电阻、线绕固定电阻器、蜂鸣器、黑白元件、发光二极管、普通二极管、开关二极管、传感器航空插头、GP 超霸电池、传感器航空插头、矿用橡套电缆、专用三相插头、瓦斯报警仪充电器、便携甲烷检测报警仪 JCB-CMK1（配专用充电器）4 台。

（5）开关量传感器：GML（A）型风门开闭传感器 8 台、GT-L（A）型开停传感器 6 台、KGU9901 型液位传感器 4 台、KG8005A 型烟雾传感器 4 台。

（6）控制断电仪器：KFD-4 型瓦斯断电仪 4 台、KDG-1 型井下远程断电器 4 台、KDD-2 型井下远程断电器 4 台、KJD-18 型井下远程断电器（带馈电）2 台。

（7）便携式气体仪表校验仪 BGQ-1 型 10 台、甲烷标准气体 2 瓶、氧气标准气体 2 瓶、一氧化碳标准气体 2 瓶、KDF-5 人员跟踪定位分站 1 台、KGE26 人员识别卡 1 台、KJ251 人员定位处理软件 1 套、KJJ46 数据接口 2 台、KHX90 避雷器 2 台、MHYVR 1×4×7/0. 43 电缆线 0. 3km、KP5001 A2 接线盒 20 个、KP5001 A3 接线盒 20 个、RS232 转 485 数据接口 20 台等。

四、实训步骤

（一）分站的安装过程

将 KDF-2 分站电源箱从包装箱中取出，平放在地面上，用随机配带的内六角工具拧松上盖螺丝，掀起盖板。电源箱有 4 个喇叭口，电源箱的安装主要是通过这 4 个喇叭口接线。

操作步骤 1：连接变压器。

（1）连接线通过接头形式连接，每个接头都标有自己的对应电压。

（2）将从交流输入端电路板下面引出的接头与对应使用电压的接头连接即可。

（3）变压器一般有 127V、220V、380V、660V 四个不同的电压等级接头，连接时注意根据现场电源电压进行选择，如选择错误通电后可能烧毁设备。

操作步骤 2：检查熔断器。

检查接线板及相关线路上的熔断器是否正常，包括有无断丝情况、断丝容量是否相符等内容的检查。具体熔断器参数见表 8-1。

表 8-1 熔断器参数

名　称	容　量
变压器原边绕组保护熔断器	2A（660V），0.5A（220V）1A（380V），0.5A（127V）
电池输入保护熔断器	5.0A
变压器副边 27V 绕组保护熔断器	2.0A
变压器副边 24V 绕组保护熔断器	5.0A
四路近程断电保护熔断器	5.0A

操作步骤 3：连接输入电源。

将电源电缆从右上角的喇叭口穿入，引进电源箱，剥开外皮，将电缆线压接在分站电源箱接线板上的交流输入端子排上，注意盖上绝缘塑料盖板。然后依次送入喇叭口中胶垫圈、铜垫圈、压紧螺母，并将其拧紧，使其不能松动。若有松动情况将影响分站电源箱的密封性能，并给井下作业留下安全隐患。

操作步骤 4：连接分站电源箱电源输出。

以 KDF-2 分站配接为例，电源箱连接分站的电缆为 1m 左右的矿用聚乙烯绝缘阻燃聚氯乙烯护套信号软电缆。与 KDF-2 分站插座中最大的 19 针密封插头连接，连接时注意对准定位槽，拧紧螺扣。给分站电源箱加电，检查分站自身运行情况和传感器工作情况。

分站的类型不同，插座针脚数也有所不同。大分站为 19 脚，中分站为 12 脚，小分站没有在外部。

以大分站为例，分站电源箱电源输出线缆接头及插座如图 8-3 所示。

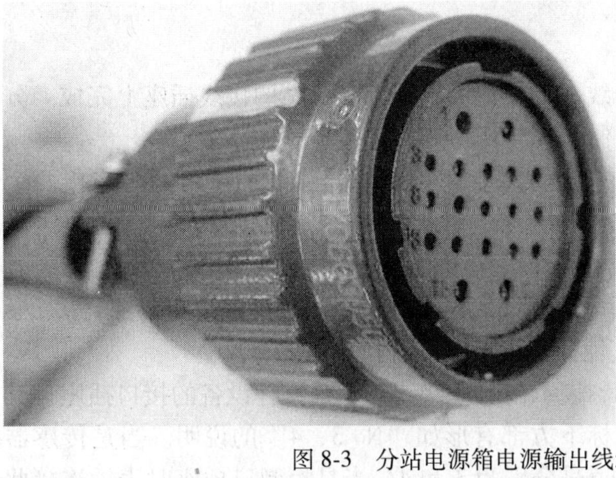

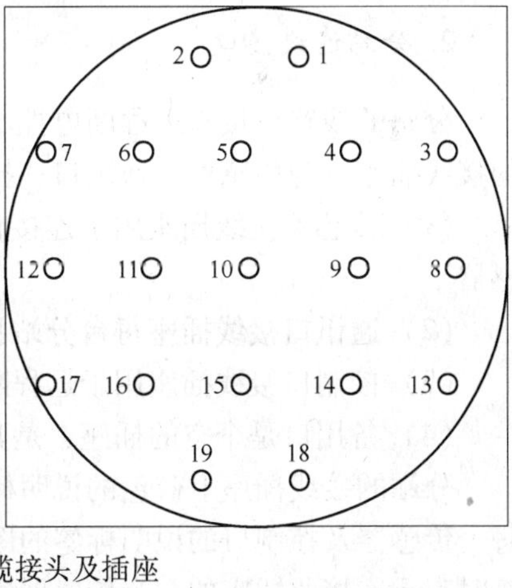

图 8-3 分站电源箱电源输出线缆接头及插座

1—+12V；2—GND；3～10—+18V；11—近程控制 1；12—近程控制 2；13—近程控制 3；14—近程控制 4；15—备用电源投入信号；16—GND 备用主板地；17～19—备用

操作步骤 5：安装规程。

KDF-2 分站电源箱电源变压器原边为交流 127V、220V、380V 和 660V 四种，变压器只有一种输入电压，接线时注意不要接错。

（1）电源箱为隔爆兼本质安全型电源，在爆炸性气体环境中，必须切断电源并关闭电源开关后方能开盖。

（2）当电源箱开盖后，隔爆面不允许划伤，并要有防锈措施，如涂防锈油等。

（3）隔爆外壳的密封圈不允许随意更换，须用检验合格后的密封圈。

（二）分站连接

当新安装系统及分站升井维修后重新连入系统时，都需要重新连接各传感器线路、控制线路、通讯线路等。分站与设备连接的线路除了具有电源与信号传输的作用外，还通过连接分站不同的接口及信号线来标示设备的编号，因此分站线路连接正确与否将直接影响整个系统的工作。

1. 分站线路连接的作用及分类

分站在系统中的核心位置决定分站主要有三类连接线路：与地面中心站主机连接的通讯线、与各类传感器连接的传感器线及与需要执行断点控制的设备连接的控制线。

（1）通讯线：主要负责传输分站发送到地面中心站主机的监测数据及中心站主机发送给各分站的指令，通讯线路的连接错误会使到地面中心站主机的接收不到监控数据，也不能执行对分站发出的指令。

（2）传感器线：主要负责所连接的传感器的供电和传输数据，同时通过传感器线连接在分站的接口及信号线确定所连接传感器在分站中的通道号。

（3）控制线：主要负责对被控设备输出控制信号。控制信号主要有触电信号与电平信号两种。控制线的连接分为两个位置，近程断电位于分站电源箱内部，远程断电位于分站上。

2. 分站连线接口

分站的线路连接除近程断电控制线外，其他的连线都在分站的接线插座上完成。分站的接线插座分为传感器、通讯口、控制口和备用口四种。

（1）传感器接线插座用于连接传感器设备，一个传感器接线插座可同时连接两个传感器。

（2）通讯口接线插座每台分站只有一个，用于通讯线的连接。

（3）控制口接线插座用于远程断电控制线的连接，一个插座可连接两路控制输出。

（4）备用口是个空的插座，是其他插座损坏时的替代插座。

分站的接线插座上蓝色的说明标签表示出对应接线插座是哪种设备的接口插座。其中每个传感器及控制口的说明标签的图标下方都有形如“No 3，4”的说明。当是传感器插座时表示连接此插座的两个传感器通道号分别为 3 和 4；当是控制口插座时表示连接此插座的两条控制线路分别为控制线路 3 和 4。

分站的接线插座从外形上讲，可分为两种：第一种是通讯口的三芯插座，如图 8-4 所示；第二种是传感器和控制口的四芯插座，如图 8-5 所示。

3. 分站插座特性

通讯口的三芯插座在实际的 RS485 通讯中只用两条线，对应插座的上 1 脚——信号正和 3 脚——信号负（见图 8-6），对于接头而言对应线色为红色与白色。

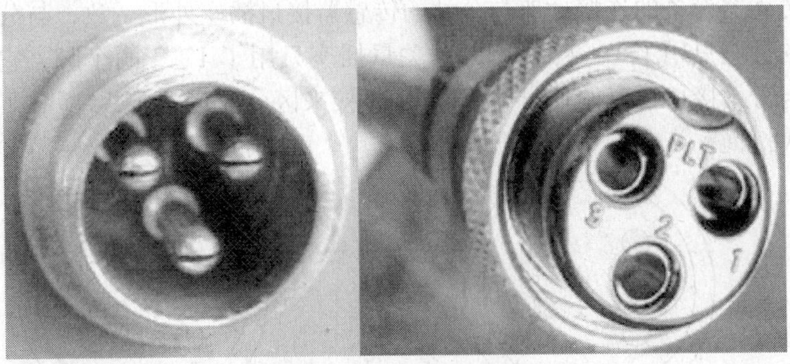

图 8-4　通讯口插座与接头

图 8-5　四芯插座与接头

采用的连接线为 PUYV39-1 或 PUYVRP1×4×1。其中 PU 代表矿用；Y 代表聚乙烯绝缘；V 代表聚氯乙烯护套；R 代表软芯电缆；P 代表铜丝编织屏蔽；39-1 代表细钢丝铠装；1×4×1 代表对数、根数和导体直径。

参数要求电缆直流电阻不大于 12.8Ω/km；分布电容不大于 0.06μF/km；分布电感不大于 0.8mH/km；最大距离不大于 15km。选择线缆时参数指标应优于上述指标，并且尽量选择带屏蔽层的四芯线缆，屏蔽层可增强抗干扰能力，四芯线缆可在其他两根线缆断裂时起到备用作用。

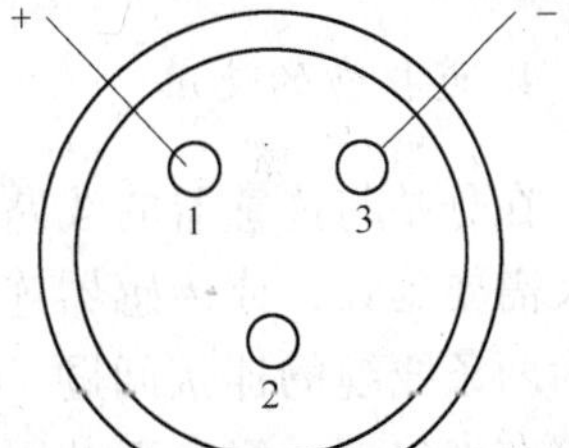

图 8-6　通讯口针脚图

分站传感器接口插座同时挂接两个传感器。模拟量和开关量传感器都可以，但需要注意模拟量和开关量传感器的连接方法有所不同。

（1）挂接两个模拟量传感器时，需要使用三根针脚，分别为 1 脚——+18V，2 脚——公用地，3 脚——信号 1 或 4 脚——信号 2。

（2）挂接两个开关量时，需要使用两根针脚，分别为 1 脚——+18V，3 脚——信号 1 或 4 脚——信号 2；地公用端可以悬空处理。

（3）分站由接口插座的信号 1、2 来区分同一个插座上的两个通道，信号 1 对应蓝色说明标签“No ×，×”表示的前一个通道，信号 2 对应为后一个通道。具体结构如图 8-7 所示。

注意：传感器设备的连接插座与分站的传感器接口插座外形一致，与分站不同的是模拟量传感器的插座只用了 1、2、3 脚，开关量插座只用了 1、3 两个脚，它们都是通过 3 脚的白色线与分站接口插座的信号 1、2 分别连接来区分通道的。

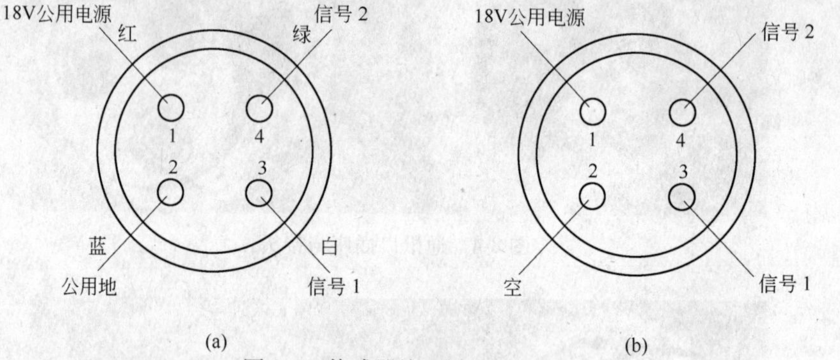

图 8-7　传感器接口插座针脚图

（a）模拟量输入；（b）开关量输入

传感器线缆一般采用 PUYVR1×4×7/0.52 型电缆，参数要求电缆直流电阻不大于 12.7Ω/km；分布电容不大于 0.06μF/km；分布电感不大于 0.8mH/km；最大距离不大于 2km。

控制口的四芯接口插座外形与传感器口一致，但实质上是不同的。控制口接口插座 1、2 脚为一路控制线路，3、4 脚为一路控制线路，如图 8-8 所示。控制口号与传感器通道的表示方法一致。

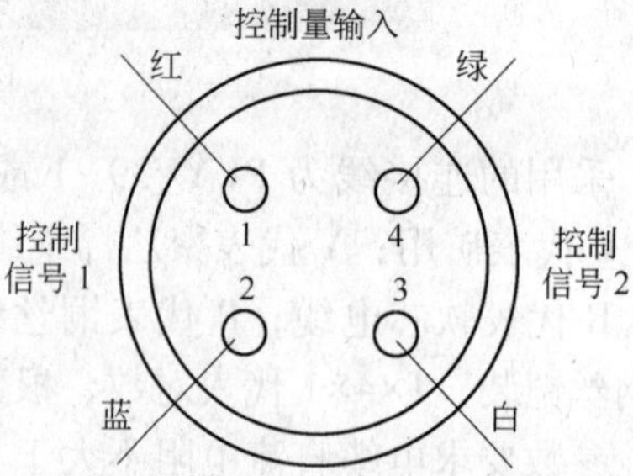

图 8-8　控制口插座针脚图

4. 连接盒的使用

在分站与传感器的线路连接中会出现线缆不够长需要延长，或传感器连接时需要将一条线缆分为两条线缆的连接问题。在地面我们可以用绝缘胶布来包裹，但由于井下环境特殊，这种做法是不允许的，因此我们只能使用专用的线缆连接盒来完成这项工作。连接盒可以起到防爆、防水效果。

（1）根据线缆延长或分支的需要，可以使用两通接线盒或三通接线盒。

（2）两通接线盒主要用于线缆的延长或线缆的对接。

（3）三通接线盒主要用于线缆的分支连接，比如分站的传感器接口需连接两个传感器时就存在分支情况。连接盒的生产厂家不同，连接的方式也就不同，连接时注意先看清连接盒内表示的方式。

5. 安装过程

(1) 规划连接。根据分站需要，对连接的传感器及控制线路等做出规划，最好用表格记录每个传感器及控制口的对应通道号与控制线路。

(2) 连接传感器到分站。此时注意，一个分站传感器接口插座可挂接两个传感器，它们共用分站插座的+18V 与地，通过各自的白色信号线与分站插座的信号 1 和信号 2 的确定具体通道号。所需用到的连接盒有两通和三通接线盒，使用连接盒连接线缆时注意剥线不能过长，只能使用工具剥线不能用明火烧线。

（3）连接控制线。控制线分两个位置连接：第一个为分站的近程断电输出，大分站有 4 路，中分站和小分站各有 1 路，位于分站电源箱内，大分站有具体的控制线路数标示；第二个为分站远程断电输出，大分站有 4 路，中分站有 3 路，小分站有 1 路，位于分站接口插座控制口，通过蓝色说明标签表示不同的控制线路数。

（4）通讯线连接。通讯线通过分站的三芯接口插座通过接口装置（将 RS485 信号转换为 RS232 或 RJ45 的设备）最终与地面中心站主机相连，如图 8-9 所示，注意信号+、-的方向。

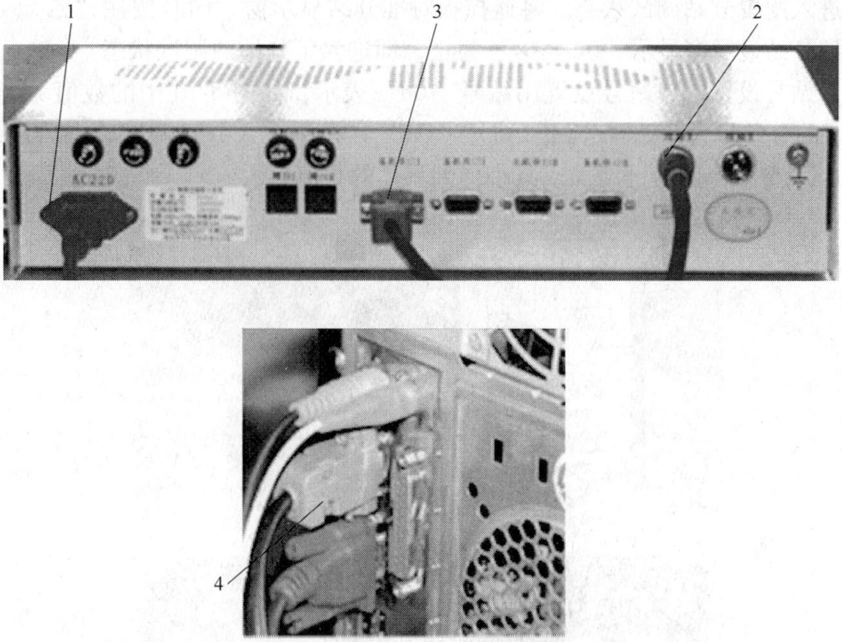

图 8-9　通讯线连接示意图

1—接口电源接口；2—连接到接口的分站通讯线；3—接口连接计算机的数据线；4—计算机串口连接

（5）查看传感器等设备是否通电工作，如没通电，检查线路连接数否正确。

（三）分站调试

井下分站的硬件网络平台建好后，并不能正常工作，还需要对它进行相关的参数设置才能投入使用。分站的参数调试可使用遥控板直接对分站进行设置，也可以使用遥控板设置好分站号后，由中心站主机在地面进行设置。但在实际工作中我们必须在井下完成设备的故障排除和网络结构的变更，此时的调试工作就不可能在地面来设置，因此本子任务主要针对井下对分站的直接调试工作。

1. 识别分站号

分站号是分站在系统中的标示，它具有唯一性。系统中的每个分站都有自己的分站号，且各分站号没有重复。地面中心站主机就是通过分站号来读取各分站的数据的，如果系统中出现分站号相同的情况，地面中心站主机将得到错的数据。在新装监控系统时及分站升井维修后都需要对分站的分站号进行设定，以保证分站号没有冲突，能正常与地面监控主机通信。分站号的设置也是有一定范围的，2007 年以前的老分站有效范围为 001～064，此后的新分站有效范围为 001～255。由于分站号具有唯一性，因此可看出在一套系统中可容纳的最大分站数量为老系统为 64 台或新系统为 255 台。

分站号设置过程如下：

（1）准备遥控板。遥控板是对分站进行直接调试的必备设备，它具有“选择”、“△”和“▽”三个按键。“选择”键主要用于调试项目的切换，“△”、“▽”键主要用于具体调试项目的参数更改。

（2）进入配置分站调试状态。将遥控板对准分站显示窗，同时按住“△”、“▽”大约 8s，直到分站显示窗显示“0d ×××”为止，即进入了分站的调试状态。

（3）分站号设置。分站号设置用编号“0d”表示，如图 8-10 中的数值“003”即表示此时设置的分站号为 003 号分站。编号“0d”只在刚进入分站调试状态时出现，此时可通过“△”、“▽”两个键增加或减小得到具体的数值参数。

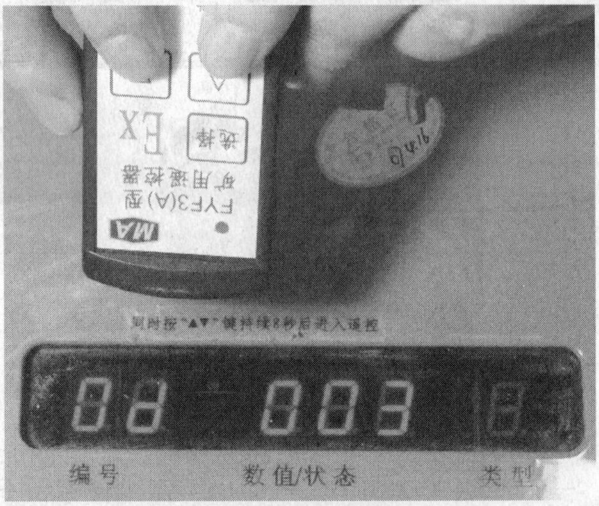

图 8-10　分站调试状态及分站号设置

2. 传感器类型选择

传感器类型选择部分包括“通道选择”、“通道开关”和“传感器类型选择”三个调试项目。此部分主要通过设置告诉分站哪个通道挂接了什么样的传感器。

（1）“通道选择”项目完成要调试的传感器通道选择。选择前必须搞清楚该通道对应连接的传感器是哪个。如果通道选择错误，将影响针对该通道的一切参数调试，并使系统监测到错误数据。传感器挂接通道的设置是由与其连接的分站接口插座及其信号线连接方式选择决定的。当通道选择好后，后面除保存参数外的一切调试项目都只针对该通道。

（2）“通道开关”项目完成所选择通道的开启和关闭操作。分站默认情况会开启通道，但在做实训和调试时为避免其他无关通道干扰预期效果，需要关闭其他通道。

（3）“传感器类型选择”项目完成选择通道所挂接传感器类型的确定。在分站调试中传感器类型用量程代号来表示。例如，低浓度甲烷传感器用“0”表示，高低浓度传感器用“A”表示。

注意：如果选择的为开关量传感器类型，则没有“分站限制参数”部分的设置，直接进入“分站异常及开关量传感器控制处理”部分。

传感器类型选择设置过程如下：

（1）进入分站配置状态。

（2）选择通道。通过遥控器的“选择”键切换到编号为“1”的项目，并通过“△”、“▽”两个键增加或减小得到具体的通道号数值。

（3）通道开关。在选择好通道号后，通过“选择”键切换到编号为“2”的项目，并通过“△”、“▽”两个键改变数值为“ON”或“OF”。“ON”表示开启通道，“OF”表示关闭通道。

（4）传感器类型选择。通过“选择”键切换到编号为“3”的项目，并通过“△”、“▽”两个键改变数值选择对应传感器的量程代码。

3. 分站限制参数

分站的限制参数分为上限和下限两个类别：上限主要针对瓦斯、一氧化碳等有上限报警、断电等需求的传感器；下限主要针对风速、氧气等有下限报警、断电等需求的传感器。

五、实训原始数据记录

操作过程中的实训原始数据记录到表8-2中。

表8-2　原始数据记录

实训步骤	操作结果	分析原因	备注
1			
2			
3			
4			

六、实训思考题

（1）试根据给定矿井采区、通风系统图区分各条巷道的类型。

（2）试根据采区和通风系统图，正确布置甲烷及其他各种传感器。

（3）试对系统中的各传感器测点进行定义和参数设置。

（4）请在通风系统图中合理地布置分站，并对分站进行设置。

（5）根据给定条件矿井绘出监控系统总体布局设计图，并对各测点进行定义。

（6）简述KDF-2型井下分站的连接方法和维护措施。

（7）简述KDF-2型井下分站故障分析与处理方法。

七、实训总结

撰写不少于200字的实训报告，内容包括：

（1）简述从多个角度收集的分站类型、结构、性能的资料。

（2）综合运用理论知识，分析实训的效果。

（3）分析理论与操作相结合存在的问题及解决方法。

八、实训技术要求

（1）学生自己选择设备的类型进行操作、调制、调试、安装。

（2）必须分清分站类型、传感器数量、接线方法等。

（3）做好绘制系统图的准备工作（由教师确定）。

九、实训考核

实训考核评分标准见表8-3。

表8-3 实训考核评分标准

考核项目	分值100	评分标准	应得分	备注
接线图绘制	10	正确	10	包括采煤工作面、掘进工作面的生产系统、线路的布置方式，分站、传感器的布置等
		部分正确	5	
		不正确	0	
熟悉仪器结构	40	非常熟悉	40	包括结构组成、操作、技术参数、调试等
		较熟悉	25	
		不熟悉	10	
分站、断电器等内部接线级设置	30	熟练	30	包括接线的规范性、正确性、合理性，参数标准设置，型号标注等
		较熟练	20	
		不熟练	10	
实训报告	20	认真	20	包括格式、排版、装订是否正确，内容是否充实、正确，篇章是否完整等

实训九　硬件系统的安装与调试

一、实训目的

（1）熟悉矿井监测监控系统 KJJ46 型数据通讯接口基本功能。

（2）了解 KJJ46 型数据通讯接口的结构、工作原理。

（3）掌握 KJJ46 型数据通讯接口的安装、接线、操作、调试方法。

二、实训内容

KJJ46 型数据通讯接口是为解决 KJ90 型煤矿安全监控系统地面中心站与井下分站间的数据传输而专门研制的专用通讯接口。其特点如下：

（1）采用了先进的双机热备技术，智能控制。

（2）采用了双线式技术，可解决传输不匹配问题。

KJJ46 型数据通讯接口采用调制解调原理来转换和发送来往于地面中心站监控主机及井下分站间的各种控制指令和检测信号。其主要组成部分有：td 发送，rts 的收发、转换与控制，rd 接受状态的指示，电源等。

认识指示灯所反应的接口装置状态可帮助判断数据通讯的情况。如图 9-1 所示，收Ⅰ、控Ⅰ、发Ⅰ是线路一传输情况指示灯；收Ⅱ、控Ⅱ、发Ⅱ是线路二传输情况指示灯；电源指示灯反映了 KJJ46 电源状况。其中指示灯“收”在 KJJ46 对应的通讯线路中接收到数据时亮起；“发”在中心站主机及 KJJ46 对应的通讯线路中有发送到井下的数据时亮起；“控”在中心站主机及 KJJ46 对井下系统执行控制指令时亮起。

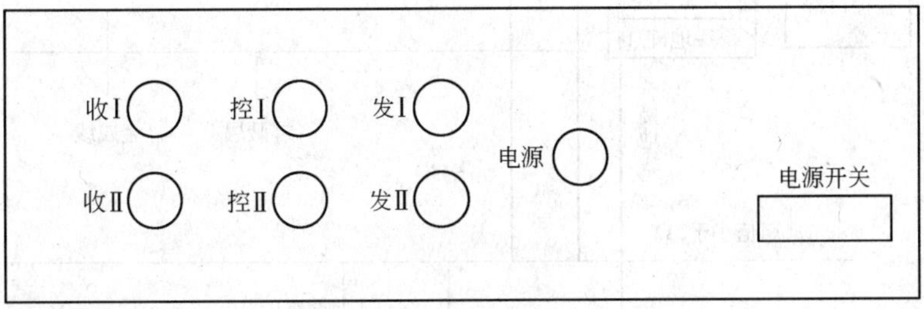

图 9-1　KJJ46 型数据通讯接口界面

背板结构如图 9-2 所示。其中线路Ⅰ对应主机串口Ⅰ和备机串口Ⅰ，线路Ⅱ对应主机串口Ⅱ和备机串口Ⅱ。

由于存在 RS485 和 DPSK 两种通讯模式，因此需要根据具体情况对主板进行相应的更改。

（1）RS485 通讯模式：插上 U3、U4 芯片，将 S1、S2 跳线短接 S3、S4 跳线断开。

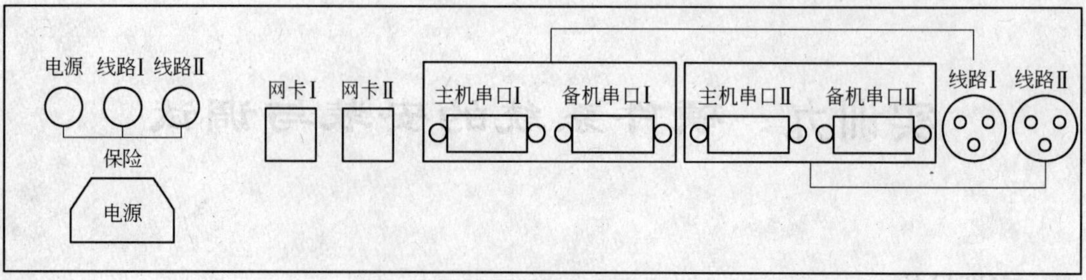

图 9-2　KJJ46 型数据通讯接口

（2）DPSK 通讯模式：拔下 U3、U4 芯片，将 S1、S2 跳线断开 S3、S4 跳线短接。

三、实训原理

由于井下系统连接至地面中心站是由井下的分站连接线缆连至调度室，中途要经过露天，因此需要做好防雷措施。防雷措施是在矿井入口和调度室两端都需要做的。

（1）井下通讯线缆的连接。井下分站的通讯线连接至矿井口处与避雷器的连接以及地坑的设置如图 9-3 和图 9-4 所示。监控设备在连接时，是将分站的通讯端口的 1、3 号引脚通过矿用 3 芯通讯线缆连接至避雷器的井下接口部分，并将避雷器的地线端连接至地坑。而避雷器 B 路通讯的另一端则通过矿用通讯线缆连接至调度室的避雷器。

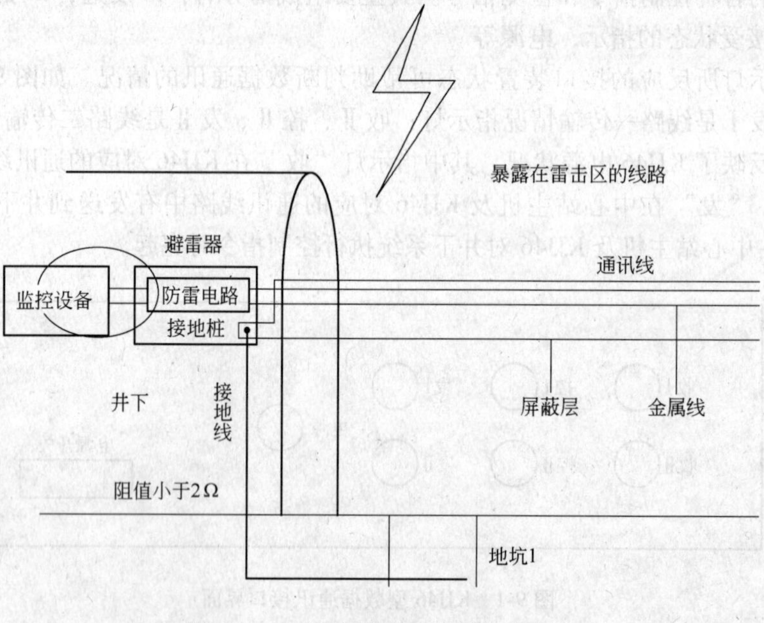

图 9-3　井下通讯线缆和避雷器的连接

（2）调度室通讯线缆的连接。调度室的线路相关设备在井下的通讯线缆在连接至调度室的监控主机之前，需先连接调度室的避雷器，这样可以有效防止调度室的 KJJ46 与监控主机被雷击。连接方法与井口的避雷器连接一致。注意：避雷器的另一端通过矿用通讯线缆连接至 KJJ46 型数据转换接口上。

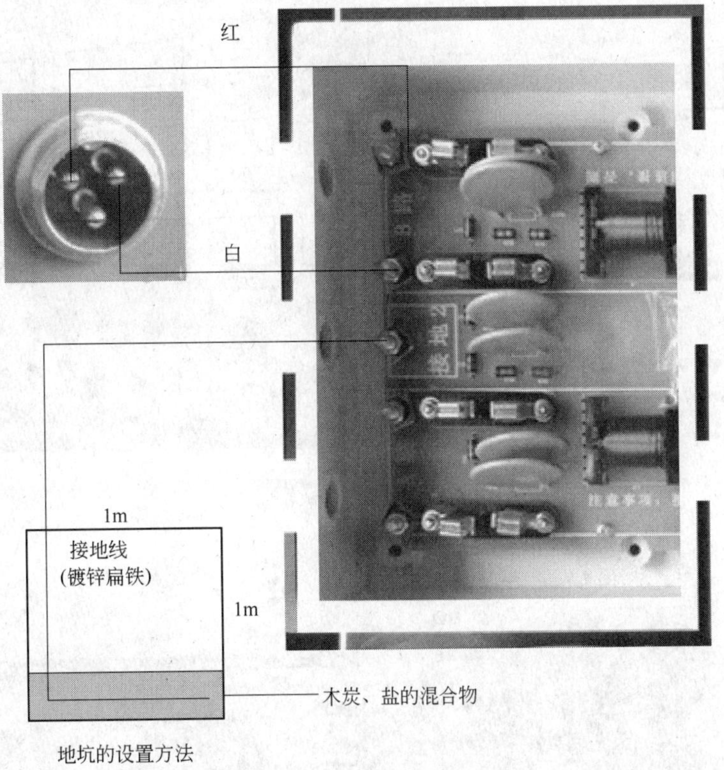

图 9-4 井下通讯线缆和避雷器的连接以及地坑的设置

四、实训环境与仪器设备

该装置是 KJ90 型煤矿安全监控系统的传输枢纽，它可转换和发送来自地面中心站内的监控主机和井下分站的各种控制指令及监测信号，并控制数据流量。

模拟操作环境监控系统如图 9-5 所示。

实训仪器设备包括：

KDF-2 大分站或其他类型分站 2 台；KDF-3 中分站或其他类型分站 2 台；KDF-3X 小分站或其他类型分站 2 台；KFD-4 瓦斯断电仪或其他类型 4 台；KDG-1 井下远程断电器或其他类型 4 台；井下远程断电器 KDD-2 或其他类型 4 台。

KHX90 避雷器 2 台、MHYVR 1×4×7/0. 43 电缆线 0. 3km、RS232 转 485 数据接口 20 台；MHYVRP 1×4×7/0. 43 主通讯电缆 1km；MHYVR 1×4×7/0. 43 带屏蔽传感器电缆 2km。

TCL29" 监控电视机 6 台；电视墙组 1 组；字符叠加器 4 台；SYV-75-3 同轴电缆 2km；VGA 分配器一进二出 1 台；PC 转换器 1 台；投影仪 1 台；100" 投影硬幕 1 套；镜架、配件、线材；KP5001A2 两通本安接线盒 20 个；KP5001A3 三通本安接线盒 80 个。

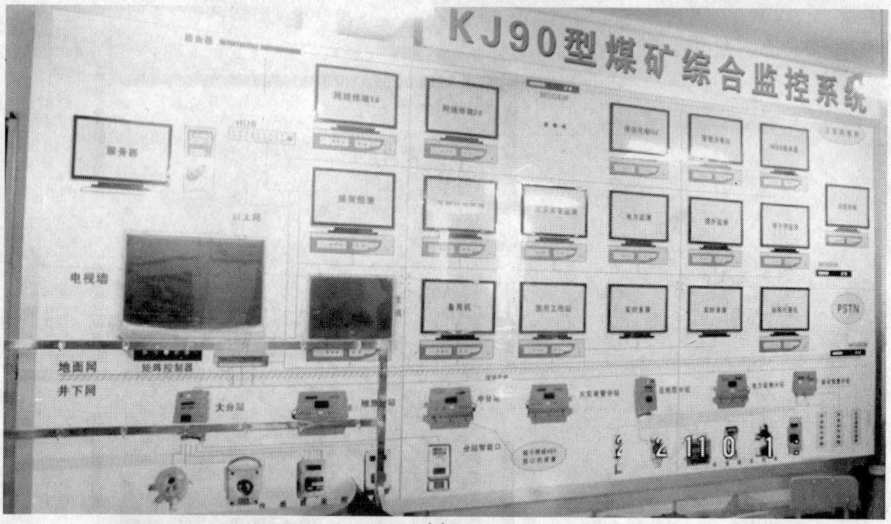

(a)

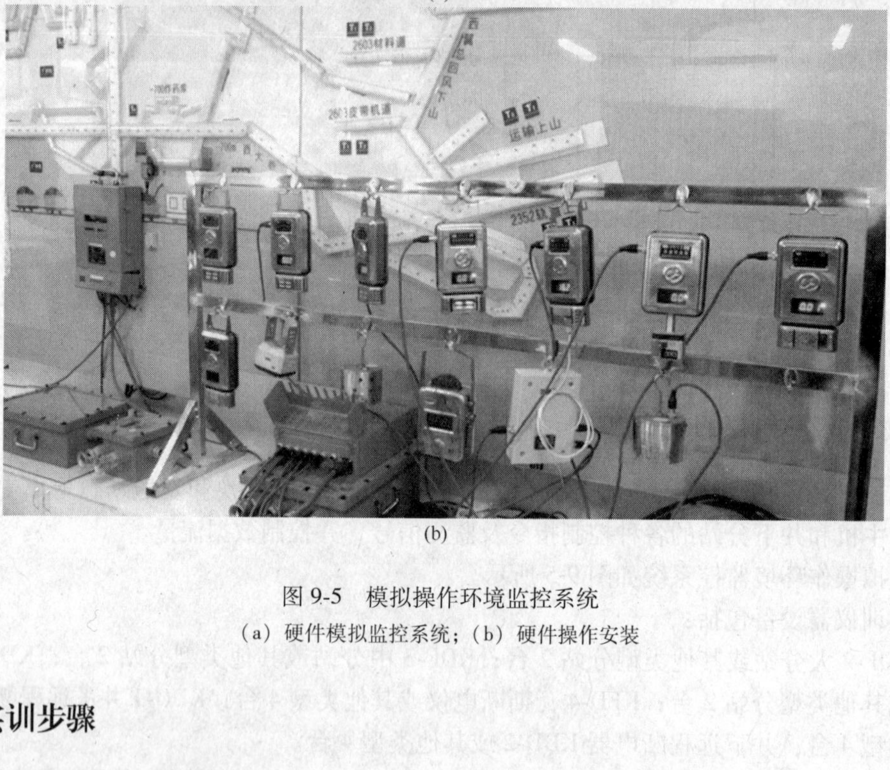

(b)

图 9-5　模拟操作环境监控系统

（a）硬件模拟监控系统；（b）硬件操作安装

五、实训步骤

（一）KJJ46 的连接

如果矿井的通讯线缆连接的为线路Ⅰ，那么监控主机连接至主机串口Ⅰ，备机则连接至备机串口Ⅰ。如果矿井的通讯线缆连接的为线路Ⅱ，则监控主机与主机串口Ⅱ连接。

通过以上几个步骤，就可将分站正确的连接至地面的中心站。

（二）多分站的连接

当井下只有一台分站的时候，我们可以根据以上的知识将其连接至地面的中心站，但是一个真实的矿井往往不止一台分站，因此需要将多台分站连接至地面的中心站。这时可以按照以下步骤进行连接（以下以两台分站为例）：

（1）按照单分站连接传感器的方式将各个传感器连接至分站，然后将两个站的通讯线按照图9-6所示的合并连接。

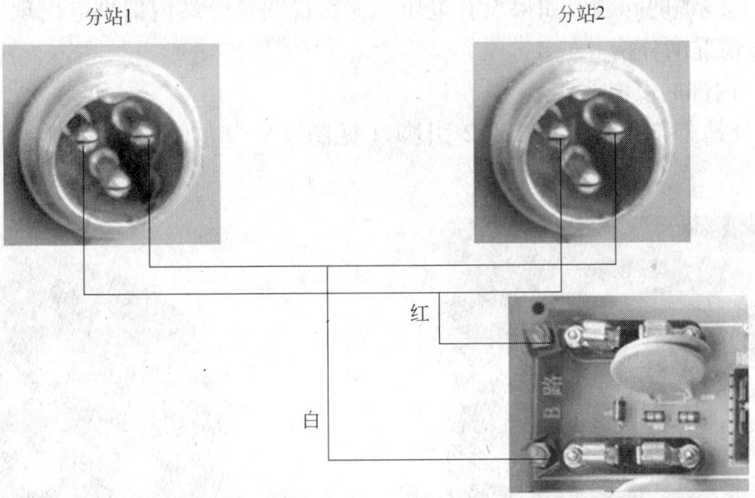

图9-6　两台分站与避雷器的连接

（2）在连接时可以将分站的通讯端的1号引脚（红线）、3号引脚（白线）对应颜色并联到任何一条通讯线路上，然后再将线连接至避雷器上。

（三）供电故障处理

出现供电故障时，从传感器至分站之间的供电线路和分站内部供电线路两方面检测，通过观测分站指示灯来判断由哪方面所导致。

假设是中分站，如图9-7中的5、6号传感器无法供电，那么首先观测分站面板的“18V电源3”指示灯是否亮。正常情况下，当分站通电之后，12V电源、18V电源1~4这几个指示灯都应当处于常亮状态。此时18V电源3如果处于熄灭状态，可以大致判断故障点在分站内部；如果处于常亮状态，则应着手检测传感器至分站之间的供电线路。

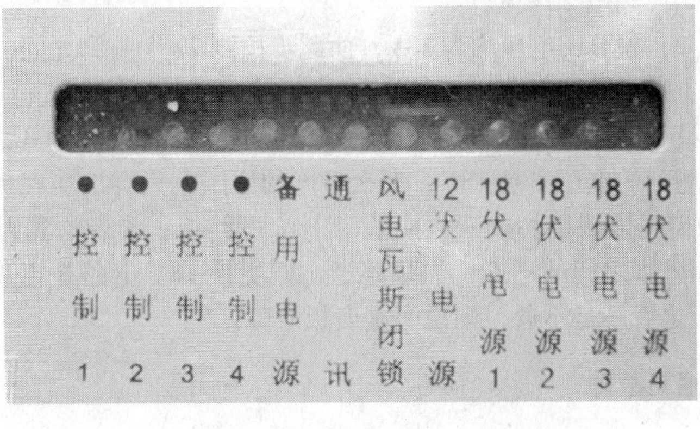

图9-7　分站面板

以下就这两种故障点进行具体分析：

（1）分站至传感器的供电线路。首先用万用表检测线缆传感器接口的1、2引脚（即右侧两个引脚，见图9-8）之间的电压值，测量是否为18V。如果这两个引脚之间没有电压，那么再检测分站端对应接口的1、2引脚，同样检测其电压值是否为18V。如果是18V，那么就是线缆的问题；如果没有电压，那么说明是分站内部供电出现了问题，则进行第二种故障情况的分析。

（2）分站内部的供电线路。

1）检测分站外部线缆接口1、2引脚（见图9-9中左侧两个引脚）的电压，是否为18V。

图9-8 传感器线缆接头

图9-9 分站传感器接口

2）如果没有电压则打开分站找到焊点，检测其VSS与V4之间的电压是否为18V，注意分站主板表面涂有绝缘漆，在检测的时候应多检测几次。

3）如果步骤2）操作检测到VSS与V4之间的电压达到18V，则以同样的方法检测主板上引脚VSS与V4之间电压是否为18V（引脚2、8）；如果步骤2）检测的电压未达到18V，而步骤3）检测的电压达到18V，那么说明故障点在主板。如果这两步检测的电压都未达到18V，那么应检测分站电源箱部分。

4）拔下分站电源接头，检测电源接头阵脚2、5之间的电压是否达到18V（以下步骤均以大分站为例，中、小分站类似）。

如果步骤2）、3）检测的电压均为18V，而此步检测2、5阵脚之间的电压也达到18V，那么问题出在电源与分站接口部分。如果此步检测电压不是18V，则进行下一步检测。

5）打开电源箱，拔下相应的供电线接头，检测GND阵脚与18V3之间的电压是否为18V。如果此步检测到的电压不是18V，那么可能的原因就只会出在底板和18V供电板上了。检测这部分故障可以采用替换法，换一个18V电路板；或者检测对应底板18V阵脚和18V电路板背面阵脚之间的通断，如果不通，则更换18V电路板再进行检测，而更换了好的18V电路板之后还是不通，则说明是底板故障。

（四）传感器通讯故障

监控系统在工作的过程中传感器通讯可能会出现故障。出现故障时，对于模拟量传感器可按以下步骤进行检测：

（1）找到对应传感器离分站最近的接线盒并打开。

（2）找到传感器的电源和信号线，红色为电源线，白色和绿色为信号线，根据连接选择正确的信号线。

（3）用万用表检测传感器电源线和信号线的频率值，当传感器为零点值的时候，频率值应该在200Hz，如出现频率值不稳定或为0Hz，则说明通讯线路有干扰或断线。

对于开关量传感器，可使用万用表的电流挡，测量传感器与分站间通讯线路的1、3或1、4引脚（即红与白或绿线）之间的电流值。当传感器为停时，线路中电流为1mA左右；当传感器为开时，线路中电流为4~5mA；当传感器断线时，线路中电流为0mA。

（五）分站通讯故障

在监控系统工作的过程中，可能会出现监控主机无法接收分站信号的情况。在检测时应分成分站和KJJ46两个可能存在的故障点进行检测。

（1）分站端。当出现个别分站通讯中断的情况，可用万用表测量出现通讯中断分站的通讯接口引脚1、3之间的电压，正常情况该两脚之间的电压应当是在2.4V左右。如果1、3阵脚之间无电压，则是分站端的故障，可以检测通讯芯片MAXIM1487是否出现故障。如电压正常，可检查该分站到主通讯线路间线路是否断线。

（2）KJJ46端。如出现全部分站通讯中断的情况，可用万用表检测KJJ46对应接口引脚1、3之间的电压，正常情况该两脚之间的电压应当是在4.5V左右。如果无此波动值，则是KJJ46数据转换接口出现故障。

六、实训原始数据记录

KJJ46的连接、多分站的连接、供电故障处理、传感器通讯故障、分站通讯故障等操作实训数据记录在表9-1中。

表9-1　硬件安装实训数据及原因分析

实训步骤	观察结果	分析原因	备　注
KJJ46的连接			
多分站的连接			
供电故障处理			
传感器通讯故障			
分站通讯故障			

七、实训思考题

（1）简述避雷器通讯线的连接方法，地坑的设置方法，分站和数据转换接口的连接方法。

（2）在瓦斯不超标的情况下，低沼传感器检测的数据达到1.8并报警，该如何检测其故障？

（3）简述煤矿安全监测监控系统KJJ46型数据通讯接口的基本功能和组成。

（4）简述连接计算机和数据转换接口的方法。

（5）简述多分站的连接方法。

（6）简述连接多个传感器至分站的方法。

（7）在分站上如何对各个传感器的参数进行设置？

（8）试分析分站无法检测传感器的数据原因，该如何检测其故障？

（9）大分站的5号传感器接口在没接传感器的时候，其对应的供电指示灯显示正常，但是一旦连接上去，其对应的指示灯就熄灭，试问该如何检测其故障？

（10）分站主板的数码管不能显示数值，试问该如何检测其原因？

八、实训总结

撰写不少于200字的实训报告，内容包括：

（1）简述从多个方面收集的资料。

（2）分析实训的效果。

（3）分析理论与操作相结合存在的问题及其解决方法。

九、实训考核

实训考核评分标准见表9-2。

表9-2　实训考核评分标准

考核项目	分值100	评分标准	应得分	备　注
接线图绘制	10	正确	10	包括采煤工作面、掘进工作面的生产系统、线路的布置方式，分站、传感器的布置等
		部分正确	5	
		不正确	0	
熟悉仪器结构	40	非常熟悉	40	包括结构组成、操作、技术参数、调试等
		较熟悉	25	
		不熟悉	10	
KJJ46型数据通讯接口、避雷器等内部接线及设置	30	熟练	30	包括接线的规范性、正确性、合理性，参数标准设置，型号标注等
		较熟练	20	
		不熟练	10	
实训报告	20	认真	20	包括格式、排版、装订是否正确，内容是否充实、正确，篇章是否完整等

实训十　监控系统软件的安装与设置

一、实训目的

（1）了解煤矿安全监控系统软件的构成与安装。

（2）熟悉煤矿安全监控系统软件设置方法。

（3）掌握煤矿安全监控系统软件系统使用方法。

二、实训内容

（1）KJ90 系统监控软件简介。

（2）中心站软件的协议。

（3）通讯方式选择。

（4）中心站软件的运行方法。

1）Microsoft. NET Framework 2. 0 框架。

2）SQL SERVER 2000 SP4 数据库。

3）用友华表 Cell 组件。

4）中心站软件。中心站软件是监控系统的主控软件。软件在安装完成后会在安装目录中生成“FZWJ”、“HLP”、“LOG”、“SCREEN”、“SCWJ”、“SJWJ”和“skin”等目录和文件。

（5）分站设置。

（6）模拟量传感器定义。单击“继续”按钮就可进行“模拟量定义”，所弹出对话框如图 10-1 所示。在本对话框中首先需要通过“测点号”选项选定需要定义的模拟量传感器号，然后参照图 10-1 填写所选传感器的上限断电值、复电值以及对应的控制口，下限断电、复电值及对应的控制口，上、下限报警值。同时还要选择传感器的测量范围、信号制式及测量单位。最后根据实际连接情况选择填写风量系数，上溢、断线和负漂的对应控制口以及随机打印、响铃报警和运行记录功能。设置完毕点击“定义有效”按钮，设置参数就能保存生效了。

对应的控制口的作用是：当传感器超过对应的限值时，用来对井下设备进行断电控制或声光报警，选择传感器的量程。

需要注意的是，不同安装地点的传感器的上限报警值、复电，下限报警值、复电等值的设置需参见煤矿安全规范。

各种传感器的量程见表 10-1。

设置传感器时，只要在对话框中填上安装位置，然后就可以输入相关参数了（支持中英文输入，最多准输入 16 个字符）；单位可在下拉式输入框中选取相应传感器对应的单位符号；风量系数为井下被测段的断面面积；测点删除表示此测点不用，可删除，在测

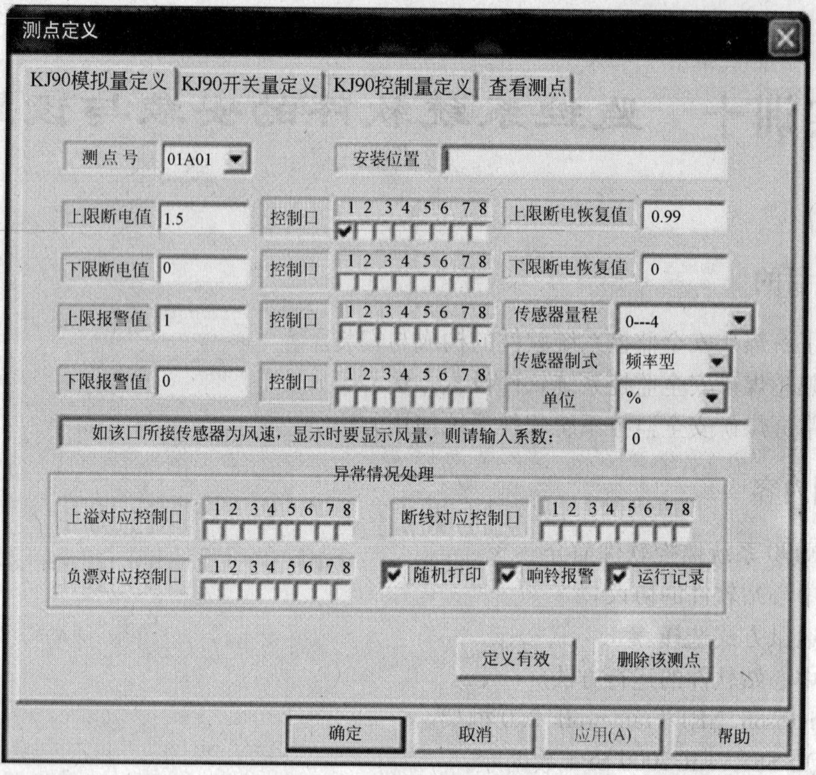

图 10-1　模拟量定义对话框

点号中，选择要删除的测点，按测点删除按钮即可。

表 10-1　各种传感器的量程

传 感 器	量 程	传 感 器	量 程
低浓度甲烷传感器	0~4%	高低浓度甲烷传感器的测量范围	0~40%
液位传感器	0~5m	温度传感器	0~40℃
负压传感器	0~5MPa	一氧化碳浓度传感器	0~0.05%
风速传感器	0~15m/s		

三、实训系统与设备

（1）KJ90 型煤矿综合监控系统监控软件支持平台。

（2）主要设备：主机、分机共 10 台终端设备。

（3）主要辅助设备：

JCB-CMK1 便携甲烷检测报警仪（配专用充电器）4 台、KDF-2 大分站或其他类型分站 2 台、KDF-3 中分站或其他类型分站 2 台、KDF-3X 小分站或其他类型分站 2 台、KFD-4 瓦斯断电仪或其他类型 4 台、KFD-4 瓦斯断电仪（一拖二）或其他类型 4 台、KDG-1 井下远程断电器或其他类型 4 台、KDD-2 井下远程断电器或其他类型 4 台、KJD-18 井下远程断电器（带馈电）或其他类型 2 台。

KG9001C 型智能高低深度沼气传感器或其他类型 6 台、KG9701A 型智能低深度沼气传感器或其他类型 6 台、GTH500（B）型一氧化碳传感器或其他类型 2 台、GY25 型矿用氧气传感器 2 台、KGF15 型风速传感器或其他类型 6 台、GF5F（A）型风流压力传感器或其他类型 6 台、GML（A）型风门开闭传感器或其他类型 8 台、GT-L（A）型开停传感器或其他类型 6 台、KGU9901 型液位传感器或其他类型 4 台、KG8005A 型烟雾传感器或其他类型 4 台、GW50（A）型温度传感器或其他类型 4 台、AZJ-2000 型甲烷检测报警仪或其他类型 10 台。

四、实训步骤

（1）安装 KJ90 型煤矿综合监控系统监控软件。

（2）打开 KJ90 型煤矿综合监控系统监控软件对话框。

（3）模拟设置各种故障，观察系统参数、曲线、工作状态。

五、实训思考题

（1）简述 KJ90 型煤矿综合监控系统监控软件的操作步骤。

（2）简述设置并显示工作面上隅角瓦斯浓度值的方法。

（3）简述设置并显示各分站的工作状态的方法。

六、实训技术要求

（1）学生自己选择设备的类型。

（2）分清分站类型、传感器数量、接线方法。

（3）做好绘制系统图的准备工作（由教师确定）。

七、实训考核

实训考核评分标准见表 10-2。

表 10-2 实训考核评分标准

考核项目	分值 100	评分标准	应得分	备　注
接线图绘制	10	正确	10	包括采煤工作面、掘进工作面的生产系统、线路的布置方式，分站，传感器的布置等
		部分正确	5	
		不正确	0	
熟悉软件组成及安装方法	40	非常熟悉	40	包括软件组成、操作、技术参数、设置等
		较熟悉	25	
		不熟悉	10	
KJ90 型煤矿综合监控系统监控软件操作及参数设置	30	熟练	30	包括接线的规范性、正确性、合理性，参数标准设置等
		较熟练	20	
		不熟练	10	
实训报告	20	认真	20	包括格式、排版、装订是否正确，内容是否充实、正确，篇章是否完整等

附　　录

附录一　煤矿安全监控系统的管理规定

一、主要作业地点传感器的布置

（一）甲烷传感器的布置

1. 甲烷传感器的布置要求

设计依据：《煤矿安全规程》、《煤矿安全监控系统及检测仪器使用管理规范》（AQ 1029—2007）。

具体要求如下：

（1）高瓦斯和煤与瓦斯突出矿井采煤工作面回风巷长度大于1000m时，必须在回风巷中部增设甲烷传感器；采煤机必须设置机载式甲烷断电仪或便携式甲烷检测报警仪。

（2）非长壁式采煤工作面甲烷传感器的设置参照上述规定执行，即在上隅角、工作面及其回风巷各设置1个甲烷传感器。

（3）高瓦斯和煤与瓦斯突出矿井的掘进工作面长度大于800m时，必须在掘进巷道中部增设甲烷传感器；掘进机必须设置机载式甲烷断电仪或便携式甲烷检测报警仪；采区回风巷、一翼回风巷、总回风巷测风站应设置甲烷传感器。

（4）设在回风流中的机电硐室进风侧必须设置甲烷传感器；使用架线电机车的主要运输巷道内，装煤点处必须设置甲烷传感器。

（5）高瓦斯矿井进风的主要运输巷道使用架线电机车时，在瓦斯涌出巷道的下风流中必须设置甲烷传感器；矿用防爆特殊型蓄电池电机车必须设置车载式甲烷断电仪或便携式甲烷检测报警仪；矿用防爆型柴油机车必须设置便携式甲烷检测报警仪；兼做回风井的装有带式输送机的井筒内必须设置甲烷传感器。

（6）回风巷道中的电气设备上风侧10~15m处应设置甲烷传感器。

（7）井下煤仓、地面选煤厂煤仓上方应设置甲烷传感器；封闭的地面选煤厂机房内上方应设置甲烷传感器；封闭的带式输送机地面走廊上方宜设置甲烷传感器。

2. 矿井甲烷传感器的布置规则

（1）甲烷传感器应布置在巷道的上方，并且不影响行人和行车，安装维护方便。

（2）甲烷传感器垂直悬挂在粉尘较少的环境，距顶板（顶梁）不得大于300mm，距巷道侧壁不得小于200mm。

（3）工作面甲烷传感器的断电浓度一般为1.5%CH_4，回风巷甲烷传感器的断电浓度一般为1.0%CH_4。

3. 采煤工作面甲烷传感器的布置

（1）长壁采煤工作面甲烷传感器设置。长壁采煤工作面甲烷传感器必须设置。现以U型通风方式的甲烷传感器设置为例，低瓦斯、高瓦斯和煤与瓦斯突出矿井都必须设置工作面甲烷传感器T_1及工作面回风巷甲烷传感器T_2，高瓦斯和煤（岩）与瓦斯突出矿井的采煤工作面上隅角必须设置甲烷传感器T_0；若煤与瓦斯突出矿井的甲烷传感器T_1不能控制采煤工作面进风巷内全部非本质安全型电气设备，则在进风巷设置甲烷传感器T_3；低瓦斯和高瓦斯矿井采煤工作面采用串联通风时，被串工作面的进风巷设置甲烷传感器T_4。Z形、Y形、H形和W形通风方式的采煤工作面甲烷传感器的设置参照上述规定执行。

采煤工作面采用串联通风时，被串工作面的进风巷必须设置甲烷传感器。采煤机必须设置机载式甲烷断电仪或便携式甲烷检测报警仪。非长壁式采煤工作面甲烷传感器的设置参照上述规定执行。但低瓦斯矿井的采煤工作面至少设置1个甲烷传感器，高瓦斯矿井的采煤工作面至少设置2个甲烷传感器。

（2）采用两条巷道回风的采煤工作面甲烷传感器设置。采用两条巷道回风的采煤工作面甲烷传感器必须设置：甲烷传感器T_0、T_1、T_2、T_3和T_4的设置方法和U型通风方式一致；在工作面混合回风流处设置甲烷传感器T_5，在第二条回风巷设置甲烷传感器T_6、T_7。采用三条巷道回风的采煤工作面，第三条回风巷甲烷传感器的设置与第二条回风巷一致。

（3）有专用排瓦斯巷的采煤工作面甲烷传感器设置。有专用排瓦斯巷的采煤工作面甲烷传感器必须设置，包括在工作面设置甲烷传感器T_0、T_1、T_2、T_3和T_4，在专用排瓦斯巷设置甲烷传感器T_8，在工作面混合回风流处设置甲烷传感器T_5。高瓦斯和煤与瓦斯突出矿井采煤工作面的回风巷长度大于1000m时，必须在回风巷中部增设甲烷传感器。

（4）非长壁式采煤工作面甲烷传感器的设置参照上述规定执行。

4. 掘进工作面甲烷传感器布置规则

为及时监测掘进工作面的瓦斯变化情况，掘进工作面甲烷传感器应尽量靠近工作面设置。其瓦斯报警浓度为1.0%CH_4、断电浓度为1.5%CH_4、复电浓度为1.0%CH_4，断电范围为掘进巷道内全部非本质安全型电气设备。

为保证掘进工作面回风流甲烷传感器能正确反映掘进工作要回风流中的瓦斯含量，回风流甲烷传感器应设置在瓦斯等有害气体与新鲜风流混合均匀且风流稳定的位置。其报警浓度为1.0%CH_4、断电浓度为1.0%CH_4、复电浓度为1.0%CH_4，断电范围为掘进巷道内全部非本质安全型电气设备。

采用串联通风的掘进进风巷浓度为0.5%CH_4、断电浓度为0.5%CH_4、复电浓度为0.5%CH_4，断电范围为掘进巷道内全部非本质安全型电气设备。

瓦斯矿井的煤巷、半煤岩巷和有瓦斯涌出岩巷的掘进工作面甲烷传感器必须设置。在工作面混合风流处设置甲烷传感器T_1，在工作面回风流中设置甲烷传感器T_2；采用串联通风的掘进工作面，必须在补串工作面局部通风机前设置掘进工作面进风流甲烷传感器T_3。

高瓦斯和煤与瓦斯突出矿井双巷掘进，必须在掘进工作面及回风巷设置甲烷传感器T_1和T_2；工作面混合回风流处设置甲烷传感器T_5。

高瓦斯和煤与瓦斯突出矿井的掘进工作面长度大于1000m时，必须在掘进巷道中部增设甲烷传感器。掘进机必须设置机载式甲烷断电仪或便携式甲烷检测报警仪。

5. 其他位置甲烷传感器布置规则

采区回风巷、一翼回风巷、一个水平的回风巷及总回风巷的测风部应设置甲烷传感器。设在回风流中的机电硐室进风侧必须设置甲烷传感器。

已封闭的采掘工作面密闭墙外应设置甲烷传感器；回风系统中的临时工程，在电气设备的上风侧应设置甲烷传感器；井下煤仓、地面洗选厂机房内上方应设置甲烷传感器；封闭的地面洗选厂机房内上方应设置甲烷传感器。

采煤机必须设置机载式甲烷断电仪或便携式甲烷检测报警仪；矿用防爆特殊型蓄电池电机车必须设置机载式甲烷断电仪或便携式甲烷检测报警仪；矿用防爆型柴油机车必须设置便携式甲烷检测仪。

（二）矿井其他传感器的布置

1. 一氧化碳（CO）传感器的布置

一氧化碳传感器应垂直悬挂，距顶板（顶梁）不得大于300mm，距巷壁不得小于200mm。一氧化碳传感器的报警值为0.0024%CO。

开采容易自燃、自燃煤层的采煤工作面必须至少设置一个一氧化碳传感器，地点可设置在上隅角、工作面或工作面回风巷，报警浓度为0.0024%CO。

带式输送机滚筒下风侧10~15m处宜设置一氧化碳传感器，报警浓度为0.0024%CO。自然发火观测点、封闭火区防火墙栅栏外宜设置一氧化碳传感器，报警浓度为0.0024%CO。

开采容易自燃、自燃煤层的矿井，采区回风巷、一翼回风巷、总回风巷应设置一氧化碳传感器，报警浓度为0.0024%CO。

2. 烟雾传感器的布置

烟雾传感器一般设置在带式输送机滚筒下风侧10~15m处，连续监测矿井中胶带输送机胶带等着火时产生的烟雾浓度。

3. 温度传感器的布置

温度传感器应布置在巷道的上方，距顶板（顶梁）不得大于300mm，距巷道侧壁不得小于200mm。温度传感器的报警值为30℃。温度传感器除用于环境监测外还可用于自然发火预测。自然发火可根据每天温度平均值的增量来预测，若增量为正，则具有自然发火的可能。为保证能正确反映监测环境的温度，温度传感器应设置在风流稳定的位置。

4. 风速传感器的布置

采区回风巷、一翼回风巷、总回风巷的测风站应设置风速传感器。风速传感器应设置在巷道前后10m内无分支风流、无拐弯、无障碍、断面无变化、能准确计算风量的地点。当风速低于或超过《煤矿安全规程》的规定值时，应发出声、光报警信号。

风速传感器应安置于巷径均匀、风量均匀、空气湿度不大的环境中，并且风速换能器进风口距离巷道顶部25~35cm。传感器在巷道中可随意放置或放在温度偏高的煤壁附近。

5. 开关量传感器的布置

（1）设备开停传感器。主要通风机、局部通风机必须设置设备开停传感器（连续监测矿井中机电设备“开”或“停”工作状态的装置）。

装备矿井安全监控系统的矿井，主要通风机、局部通风机必须设置设备开停传感器，连续监测局部通风机风筒“有风”或“无风”状态应设风筒传感器装置，主要风门应设置风门开关传感器，主开关的负荷侧必须设置馈电状态传感器。

例如：GKT3L 矿用设备开停传感器（以下简称传感器）主要用于监测煤矿井下机电设备（如采煤机、运输机、提升机、破碎机、局扇、泵站、风机等）的开停状态，并把监测到的设备开停信号转换成各种标准信号传输给矿井监测系统，可实现由地面对全矿电气设备开停状态进行集中连续自动监测。

（2）风门传感器。矿井和采区主要进回风巷道中的主要风门必须设置风门开关传感器（连续监测矿井中风门“开”或“关”状态的装置）。当两道风门同时打开时，发出声光报警信号。

（3）馈电开关传感器。安装断电控制时，必须根据断电范围要求，提供断电条件，并接通井下电源及控制线。断电控制器（控制馈电开关或电磁启动器等的装置）与被控开关之间必须正确接线，具体方法由煤矿主要技术负责人审定。

与安全监控设备关联的电气设备、电源线和控制线在改线或拆除时，必须与安全监控管理部门共同处理。检修与安全监控设备关联的电气设备，需要监控设备停止运行时，必须经矿主要负责人或主要技术负责人同意，并制定安全措施后方可进行。

二、安全监测监控系统的管理

（一）一般规定

（1）煤矿企业应建立安全仪表计量检验制度。

（2）所有矿井必须装备矿井安全监控系统。

《煤矿安全规程》第 159 条指出：采区设计、采掘作业规程和安全技术措施，必须对安全监控设备的种类、数量和位置，信号电缆和电源电缆的敷设，控制区域等做出明确规定，并绘制布置图。

（3）煤矿安全监控设备之间必须使用专用阻燃电缆或光缆连接，严禁与调度电话电缆和动力电缆等共用。防爆型煤矿安全监控设备之间的输入、输出信号必须为本质安全型信号。

安全监控设备必须具有故障闭锁功能。当与闭锁控制有关的监控设备未投入正常运行或故障时，必须切断该监控设备所监控区域的全部非本质安全型电气设备的电源并闭锁；当与闭锁控制有关的监控设备工作正常并稳定运行后，自动解锁。

矿井安全监控系统必须具备甲烷断电仪和甲烷风电闭锁装置的全部功能，当主机或系统电缆发生故障时，系统必须保证甲烷断电仪和甲烷风电闭锁装置的全部功能。

当电网停电后，系统必须保证正常工作时间不小于 2h；系统必须具有防雷保护；系统必须具有断电状态和馈电状态监测、报警、显示、存储和打印报表功能；中心站主机应不少于 2 台，1 台工作，1 台备用。

（二）安装、使用和维护

（1）安装断电控制系统时，必须根据断电范围要求，提供断电条件，并接通井下电源及控制线。安全监控设备的供电电源必须取自被控开关的电源侧，严禁接在被控开关的负荷侧。

(2) 安全监控设备必须定期进行调试、校正，每月至少一次。甲烷传感器、便携式甲烷检测报警仪等采用载体催化元件的甲烷检测设备，每7天必须使用校准气样和空气样调校一次。每隔7天必须对甲烷超限断电功能进行测试。

(3) 必须每天检查安全监控设备及电缆是否正常，使用便携式甲烷检测报警仪或便携式光学甲烷检测仪与甲烷传感器进行对照，并将记录和检查结果报监测值班员。当两者读数误差大于允许误差时，先以读数较大者为依据，采取安全措施，并必须在8h内对两种设备调校完毕。

(4) 矿井安全监控系统中心站必须实时监控全部采掘工作面瓦斯的浓度变化及被控设备的通、断电状态。矿井安全监控系统的监测日报表必须报矿长和技术负责人审阅。

(5) 便携式甲烷检测报警仪必须设专职人员负责充电、收发及维护。每班要清理隔爆罩上的煤尘，下井前必须检查便携式甲烷检测报警仪的零点和电压值或电源欠压值，不符合要求的严禁发放使用。

(6) 配制甲烷校准气样的装置和方法必须符合国家制定的有关标准，相对误差小于5%。制备所用的原料气应选用浓度不低于99.9%的高纯度甲烷气体。

(7) 安全监控设备布置图和接线图，应标明传感器（将被测物理量转换为电信号输出的装置)、声光报警器、断电器、分站、电源、中心站等设备的位置、接线、断电范围、传输电缆等，并根据实际布置及时修改。

(三) 甲烷传感器和其他传感器的参数设置原则

甲烷传感器报警浓度、断电浓度、复电浓度和断电范围必须符合《煤矿安全规程》规定。

附录二　构建煤矿瓦斯综合治理工作体系监测监控要求

（1）建立装备齐全、运行正常、闭锁可靠、处置及时的煤矿安全监控系统，确保监控有效。

（2）确保系统装备齐全。监控系统的中心站、分站、传感器等设备要齐全，安装设置要符合规定要求，系统运作不间断、不漏报。

1）所有煤矿须按照《煤矿安全监控系统及检测仪器使用管理规范》（AQ 1029—2007）的要求安装煤矿安全监控系统。

2）安全监控系统的中心站、分站、传输电缆（光缆）、传感器等设备的安装设置须符合规定。中心站应双回路供电，井下分站应设置在进风巷道或硐室中；井下设备之间使用专用阻燃电缆（光缆）。

3）矿井安全监控系统中心站必须实时监控全部采掘工作面瓦斯浓度变化、被监控设备的通断电状态和各类传感器的运行状态。

4）甲烷浓度、一氧化碳浓度、风速、风压、温度、烟雾、馈电状态、风门状态、风筒状态、局部通风机开停、主通风机开停等各类传感器安设的数量、地点应符合规定，并实现甲烷超限声光报警、断电和甲烷风电闭锁控制。

5）突出危险区域、石门揭煤的掘进工作面安设的 T_1、T_2 必须是高低浓度甲烷传感器。

6）除按照《煤矿安全规程》、《煤矿安全监控系统及检测仪器使用管理规范》及《安徽省煤矿安全监控系统管理规定》等规定设置传感器外，还应在以下场所增设传感器：

①采煤工作面上隅角甲烷传感器 T_0 报警浓度不小于 1.0%、断电浓度不小于 1.5%、复电浓度小于 1.0%；断电范围与工作面传感器相同；安设位置距巷帮和采空区侧充填带均不大于 800mm，距顶板不大于 300mm。

②长距离掘进的巷道，每达 500m 时设一个甲烷传感器，其报警浓度、断电浓度、断电范围和复电浓度与回风流甲烷传感器相同。

③采动卸压带、地质构造带，采掘面过老巷、采空区、钻场，距突出煤层法距小于 15m 的顶底板岩巷掘进工作面等处，必须增设甲烷传感器，具体位置和数量由煤矿总工程师根据实际情况确定。

④瓦斯抽采站的抽采主干管、工作面瓦斯抽采干管必须安装瓦斯计量装置，按规定测定瓦斯抽采量。

7）新建的高瓦斯、煤与瓦斯突出矿井井筒揭煤前必须设置瓦斯断电仪，进入煤巷施工前必须安装矿井安全监控系统。

8）瓦斯抽采、主要通风机运行状态等监控要与矿井安全监控系统联网运行，全省所有矿井安全监控系统必须实现联网；煤矿安全监控系统和生产调度系统必须联合值守、统一指挥。

（3）确保系统运行正常。甲烷传感器必须按期调校，其报警值、断电值、复电值要准确，监控中心能适时反映监控场所瓦斯的真实状态。

1）建立健全各种规章制度，确保安全监控系统正常运行。要制定安全监控岗位责任制、操作规程、值班制度等规章制度；完善图纸台账；配备足够的管理、维护、检修、值班人员，并经培训持特种作业资格证上岗。

2）监控主机能显示所有传感器的信息，信息能真实反映监测对象的数值或状态；甲烷传感器必须按照规定的位置、地点、报警和断电浓度、断电范围等进行设置，必须按规定的周期在井下用正确的方法调校，确保数据准确。

3）必须采用新鲜空气和标准气样分别调校，确保显示和断电误差在规定范围内。新装备的系统必须符合《煤矿安全监控系统通用技术要求》（AQ 6201—2006），并取得煤矿安全标志证书，其传感器调校期为 10 天。

4）矿井安全监控日报内容齐全，矿长和总工程师逐日签字审批，问题和故障实现闭合处理。

（4）确保系统断电、闭锁可靠。当瓦斯超限时，监控系统必须能够及时切断工作场所的电源，迫使停止采掘等生产活动。

1）正确选择监控设备的供电电源和连线方式，确保监控系统断电和故障闭锁功能正常。

2）监控设备的供电电源必须取自被控开关的电源侧；每隔 10 天必须对甲烷超限断电闭锁和甲烷风电闭锁功能进行测试，保证甲烷超限断电、停风断电功能和断电范围的准确可靠。

3）采、掘工作面等作业地点瓦斯超限时，应声光报警，自动切断监控区域内全部非本质安全型电气设备的电源并保持闭锁状态，中心站应正确显示报警断电及馈电的时间及地点。

4）被控设备的安装、拆除等要严格按规定程序执行，不得随意增加机电设备。

（5）确保应急反应及时。矿井要制定瓦斯事故应急预案，当出现瓦斯超限和各类异常现象时，能够迅速作出反应，采取正确的应对措施，使事故得到有效控制。

1）及时分析监控系统所反映的瓦斯涌出规律和瓦斯涌出的异常情况，建立健全瓦斯事故应急预案，完善应急措施。

2）建立非正常状态处置程序和应急预案，实行井下 24 小时值班，6 小时处理故障。

3）瓦斯检查员做到班中校对甲烷传感器显示数值，监测工落实 10 天校验制度。禁止井下联网在线修理各类故障传感器。

4）通风调度与监控值班要互通信息，做到异常情况及时报告，严禁自行处理，做到记录完整、真实。

附录三　煤矿安全监控系统及检测仪器使用管理规范（AQ 1029—2007）

一、范围

本标准规定了煤矿安全监控系统及检测仪器的装备、设计和安装、传感器设置、使用与维护、系统及联网信息处理、管理制度与技术资料等要求。

本标准适用于全国井工煤矿，包括新建和改、扩建矿井。

二、规范性引用文件

下列文件中的条款通过本标准的引用而成为本标准的条款。凡是注日期的引用文件，其随后所有的修改单（不包括勘误的内容）或修订版均不适用于本标准，然而，鼓励根据本标准达成协议的各方研究是否可使用这些文件的最新版本。凡是不注日期的引用文件，其最新版本适用于本标准。

煤矿安全规程

AQ 6201—2006　煤矿安全监控系统通用技术要求

AQ 6203—2006　煤矿用低浓度载体催化式甲烷传感器技术条件

MT 423—1995　空气中甲烷校准气体技术条件

三、术语和定义

下列术语和定义适用于本标准。

（1）煤矿安全监控系统：具有模拟量、开关量、累计量采集、传输、存储、处理、显示、打印、声光报警、控制等功能，用于监测甲烷浓度、一氧化碳浓度、风速、风压、温度、烟雾、馈电状态、风门状态、风筒状态、局部通风机开停、主通风机开停，并实现甲烷超限声光报警、断电和甲烷风电闭锁控制，由主机、传输接口、分站、传感器、断电控制器、声光报警器、电源箱、避雷器等设备组成的系统。

（2）传感器：将被测物理量转换为电信号输出的装置。

（3）甲烷传感器：连续监测矿井环境气体中及抽放管道内甲烷浓度的装置，一般具有显示及声光报警功能。

（4）风速传感器：连续监测矿井通风巷道中风速大小的装置。

（5）风压传感器：连续监测矿井通风机、风门、密闭巷道、通风巷道等地点通风压力的装置。

（6）一氧化碳传感器：连续监测矿井中煤层自然发火及胶带输送机胶带等着火时产生的一氧化碳浓度的装置。

（7）温度传感器：连续监测矿井环境温度高低的装置。

（8）烟雾传感器：连续监测矿井中胶带输送机胶带等着火时产生的烟雾浓度的装置。

（9）设备开停传感器：连续监矿井中机电设备“开”或“停”工作状态的装置。

（10）风筒传感器：连续监测局部通风机风筒“有风”或“无风”状态的装置。

（11）风门开关传感器：连续监测矿井中风门“开”或“关”状态的装置。

（12）馈电传感器：连续监测矿井中馈电开关或电磁启动器负荷侧有无电压的装置。

（13）执行器（含声光报警器及断电器）：将控制信号转换为被控物理量的装置。

（14）声光报警器：能发出声光报警的装置。

（15）断电控制器：控制馈电开关或电磁启动器等的装置。

（16）分站：煤矿安全监控系统中用于接收来自传感器的信号，并按预先约定的复用方式远距离传送给传输接口，同时，接收来自传输接口多路复用信号的装置。分站还具有线性校正、超限判别、逻辑运算等简单的数据处理、对传感器输入的信号和传输接口传输来的信号进行处理的能力，控制执行器工作。

（17）主机：一般选用工控微型计算机或普通微型计算机、双机或多机备份。主机主要用来接收监测信号、校正、报警判别、数据统计、磁盘存储、显示、声光报警、人机对话、输出控制、控制打印输出、与管理网络连接等。

（18）馈电异常：被控设备的馈电状态与系统发出的断电命令或复电命令不一致。

（19）瓦斯矿井：只要有一个煤（岩）层发现瓦斯，该矿井即为瓦斯矿井。瓦斯矿井依照矿井瓦斯等级进行管理，分为低瓦斯矿井、高瓦斯矿井和煤与瓦斯突出矿井。

（20）便携式甲烷检测报警仪：具有甲烷浓度数字显示及超限报警功能的携带式仪器。

（21）甲烷报警矿灯：具有甲烷浓度超限报警功能的携带式照明灯具。

（22）数字式甲烷检测报警矿灯：具有甲烷浓度数字显示及超限报警功能的携带式照明灯具。

四、一般要求

（1）瓦斯矿井必须装备煤矿安全监控系统。

（2）煤矿安全监控系统必须24h连续运行。

（3）接入煤矿安全监控系统的各类传感器应符合AQ 6201—2006的规定，稳定性应不小于15d。

（4）煤矿安全监控系统传感器的数据或状态应传输到地面主机。

（5）煤矿必须按矿用产品安全标志证书规定的型号选择监控系统的传感器、断电控制器等关联设备，严禁对不同系统间的设备进行置换。

（6）原国有重点煤矿必须实现矿务局（公司）所属高瓦斯和煤与瓦斯突出矿井的安全监控系统联网；国有地方和乡镇煤矿必须实现县（市）范围内高瓦斯和煤与瓦斯突出矿井安全监控系统联网。

（7）矿长、矿技术负责人、爆破工、采掘区队长、通风区队长、工程技术人员、班长、流动电钳工、安全监测工下井时，必须携带便携式甲烷检测报警仪或数字式甲烷检测报警矿灯。瓦斯检查工下井时必须携带便携式甲烷检测报警仪和光学甲烷检测仪。

（8）煤矿采掘工、打眼工、在回风流工作的工人下井时宜携带数字式甲烷检测报警矿灯或甲烷报警矿灯。

五、设计和安装

（1）煤矿编制采区设计、采掘作业规程和安全技术措施时，必须对安全监控设备的种类、数量和位置，信号电缆和电源电缆的敷设，断电区域等做出明确规定，并绘制布置图和断电控制图。

（2）安全监控设备之间必须使用专用阻燃电缆连接，严禁与调度电话电线和动力电缆等共用。

（3）井下分站应设置在便于人员观察、调试、检验及支护良好、无滴水、无杂物的进风巷道或硐室中，安设时应垫支架，或吊挂在巷道中，使其距巷道底板不小于300mm。

（4）隔爆兼本质安全型防爆电源宜设置在采区变电所，严禁设置在下列区域：

1）断电范围内；

2）低瓦斯和高瓦斯矿井的采煤工作面和回风巷内；

3）煤与瓦斯突出矿井的采煤工作面、进风巷和回风巷；

4）掘进工作面内；

5）采用串联通风的被串采煤工作面、进风巷和回风巷；

6）采用串联通风的被串掘进巷道内。

（5）安全监控设备的供电电源必须取自被控开关的电源侧，严禁接在被控开关的负荷侧。宜为井下安全监控设备提供专用供电电源。

（6）安装断电控制时，必须根据断电范围要求，提供断电条件，并接通井下电源及控制线。断电控制器与被控开关之间必须正确接线，具体方法由煤矿主要技术负责人审定。

（7）与安全监控设备关联的电气设备、电源线和控制线在改线或拆除时，必须与安全监控管理部门共同处理。检修与安全监控设备关联的电气设备，需要监控设备停止运行时，必须经矿主要负责人或主要技术负责人同意，并制定安全措施后方可进行。

（8）模拟量传感器应设置在能正确反映被测物理量的位置。开关量传感器应设置在能正确反映被监测状态的位置。声光报警器应设置在经常有人工作、便于观察的地点。

六、甲烷传感器的设置

（1）甲烷传感器应垂直悬挂，距顶板（顶梁、屋顶）不得大于300mm，距巷道侧壁（墙壁）不得小于200mm，并应安装维护方便，不影响行人和行车。

（2）甲烷传感器的报警浓度、断电浓度、复电浓度和断电范围及便携式甲烷检测报警仪的报警浓度必须符合《煤矿安全规程》的规定。

（3）采煤工作面甲烷传感器的设置。

1）长壁采煤工作面甲烷传感器设置。U型通风方式在上隅角设置甲烷传感器T_0或便携式瓦斯检测报警仪，工作面设置甲烷传感器T_1，工作面回风巷设置甲烷传感器T_2；若煤与瓦斯突出矿井的甲烷传感器T_1不能控制采煤工作面进风巷内全部非本质安全型电气设备，则在进风巷设置甲烷传感器T_3；低瓦斯和高瓦斯矿井采煤工作面采用串联通风时，被串工作面的进风巷设置甲烷传感器T_4。Z型、Y型、H型和W型通风方式的采煤工作面甲烷传感器的设置参照上述规定执行。

2）采用两条巷道回风的采煤工作面甲烷传感器设置。在第一条回风巷内设置甲烷传感器 T_0、T_1 和 T_2；在第二条回风巷设置甲烷传感器 T_5、T_6。

采用三条巷道回风的采煤工作面，第三条回风巷甲烷传感器的设置与第二条回风巷甲烷传感器 T_5、T_6 的设置相同。

3）有专用排瓦斯巷的采煤工作面甲烷传感器设置。在回风巷内要设置甲烷传感器 T_0、T_1、T_2；在专用排瓦斯巷设置甲烷传感器 T_7，在工作面混合回风风流处设置甲烷传感器 T8。

4）高瓦斯和煤与瓦斯突出矿井采煤工作面的回风巷长度大于 1000m 时，必须在回风巷中部增设甲烷传感器。

5）采煤机必须设置机载式甲烷断电仪或便携式甲烷检测报警仪。

6）非长壁式采煤工作面甲烷传感器的设置参照上述规定执行，即在上隅角设置便携式瓦斯检测报警仪或甲烷传感器 T_0，在工作面及其回风巷各设置 1 个甲烷传感器。

（4）掘进工作面甲烷传感器的设置。

1）煤巷、半煤岩巷和有瓦斯涌出岩巷的掘进工作面要设置甲烷传感器，并实现瓦斯风电闭锁：在工作面混合风流处设置甲烷传感器 T_1，在工作面回风流中设置甲烷传感器 T_2；采用串联通风的掘进工作面，必须在被串工作面局部通风机前设置掘进工作面进风流甲烷传感器 T_3。

2）在高瓦斯和煤与瓦斯突出矿井双巷掘进巷道内要设置甲烷传感器 T_1 和 T_2；在工作面混合回风流处设置甲烷传感器 T_3。

3）高瓦斯和煤与瓦斯突出矿井的掘进工作面长度大于 1000m 时，必须在掘进巷道中部增设甲烷传感器。

4）掘进机必须设置机载式甲烷断电仪或便携式甲烷检测报警仪。

（5）采区回风巷、一翼回风巷、总回风巷测风站应设置甲烷传感器。

（6）设在回风流中的机电硐室进风侧必须设置甲烷传感器。

（7）使用架线电机车的主要运输巷道内，装煤点处必须设置甲烷传感器。

（8）高瓦斯矿井进风的主要运输巷道使用架线电机车时，在瓦斯涌出巷道的下风流中必须设置甲烷传感器。

（9）矿用防爆特殊型蓄电池电机车必须设置车载式甲烷断电仪或便携式甲烷检测报警仪；矿用防爆型柴油机车必须设置便携式甲烷检测报警仪。

（10）兼做回风井的装有带式输送机的井筒内必须设置甲烷传感器。

（11）采区回风巷、一翼回风巷及总回风巷道内临时施工的电气设备上风侧 10～15m 处应设置甲烷传感器。

（12）井下煤仓、地面选煤厂煤仓上方应设置甲烷传感器。

（13）封闭的地面选煤厂机房内上方应设置甲烷传感器。

（14）封闭的带式输送机地面走廊上方宜设置甲烷传感器。

（15）瓦斯抽放泵站甲烷传感器的设置。

1）地面瓦斯抽放泵站内必须在室内设置甲烷传感器。

2）井下临时瓦斯抽放泵站下风侧栅栏外必须设置甲烷传感器。

3）抽放泵输入管路中应设置甲烷传感器。利用瓦斯时，应在输出管路中设置甲烷传感器；不利用瓦斯、采用干式抽放瓦斯设备时，输出管路中也应设置甲烷传感器。

七、其他传感器的设置

（1）一氧化碳传感器的设置。

1）一氧化碳传感器应垂直悬挂，距顶板（顶梁）不得大于300mm，距巷壁不得小于200mm，并应安装维护方便，不影响行人和行车。

2）开采容易自燃、自燃煤层的采煤工作面必须至少设置一个一氧化碳传感器，地点可设置在上隅角、工作面或工作面回风巷，报警浓度为0.0024%CO。

3）带式输送机滚筒下风侧10～15m处宜设置一氧化碳传感器，报警浓度为0.0024%CO。

4）自然发火观测点、封闭火区防火墙栅栏外宜设置一氧化碳传感器，报警浓度为0.0024%CO。

5）开采容易自燃、自燃煤层的矿井，采区回风巷、一翼回风巷、总回风巷应设置一氧化碳传感器，报警浓度为0.0024%CO。

（2）风速传感器的设置。采区回风巷、一翼回风巷、总回风巷的测风站应设置风速传感器。风速传感器应设置在巷道前后10m内无分支风流、无拐弯、无障碍、断面无变化、能准确计算风量的地点。当风速低于或超过《煤矿安全规程》的规定值时，应发出声、光报警信号。

（3）风压传感器的设置。主要通风机的风硐内应设置风压传感器。

（4）瓦斯抽放管路中其他传感器的设置。瓦斯抽放泵站的抽放泵输入管路中宜设置流量传感器、温度传感器和压力传感器；利用瓦斯时，应在输出管路中设置流量传感器、温度传感器和压力传感器。防回火安全装置上宜设置压差传感器。

（5）烟雾传感器的设置。带式输送机滚筒下风侧10～15m处应设置烟雾传感器。

（6）温度传感器的设置。

1）温度传感器应垂直悬，距顶板（顶梁）不得大于300mm，距巷壁不得小于200mm，并应安装维护方便，不影响行人和行车。

2）开采容易自燃、自燃煤层及地温高的矿井采煤工作面应设置温度传感器。温度传感器的报警值为30℃。

3）机电硐室内应设置温度传感器，报警值为34℃。

（7）开关量传感器的设置。

1）主要通风机、局部通风机必须设置设备开停传感器。

2）矿井和采区主要进回风巷道中的主要风门必须设置风门开关传感器。当两道风门同时打开时，发出声光报警信号。

3）掘进工作面局部通风机的风筒末端宜设置风筒传感器。

4）为监测被控设备瓦斯超限是否断电，被控开关的负荷侧必须设置馈电传感器。

（8）硫化氢（H_2S）传感器的设置。

1）开采井田内有天然气等含硫化氢气体的矿井必须设置硫化氢传感器。

2）采区回风巷、一翼回风巷、总回风巷必须设置硫化氢传感器。

硫化氢传感器报警浓度为0.00066%。

八、使用与维护

（一）检修机构

（1）煤矿应建立安全监控设备检修室，负责本矿安全监控设备的安装、调校、维护和简单维修工作。未建立检修室的小型煤矿应将安全监控仪器送到检修中心进行调校和维修。

（2）国有重点煤矿的矿务局（公司）、产煤县（市）应建立安全监控设备检修中心，负责安全监控设备的调校、维修、报废鉴定等工作，有条件的可配制甲烷校准气体，并对煤矿进行技术指导。

（3）安全监控设备检修室宜配备甲烷传感器和测定器校验装置、稳压电源、示波器、频率计、信号发生器、万用表、流量计、声级计、甲烷校准气体、标准气体等仪器装备；安全监控设备检修中心除应配备上述仪器装备外，具备条件的宜配备甲烷校准气体配气装置、气相色谱仪或红外线分析仪等。

（二）校准气体

（1）配制甲烷校准气样的装备和方法必须符合 MT 423—1995 的规定，选用纯度不低于 99.9%的甲烷标准气体作原料气。配制好的甲烷校准气体应以标准气体为标准，用气相色谱仪或红外线分析仪分析定值，其不确定度应小于 5%。

（2）甲烷校准气体配气装置应放在通风良好，符合国家有关防火、防爆、压力容器安全规定的独立建筑内。配气气瓶应分室存放，室内应使用隔爆型的照明灯具及电器设备。

（3）高压气瓶的使用管理应符合国家有关气瓶安全管理的规定。

（三）调校

（1）安全监控设备必须按产品使用说明书的要求定期调校。

（2）安全监控设备使用前和大修后，必须按产品使用说明书的要求测试、调校合格，并在地面试运行 24~48h 方能下井。

（3）采用载体催化原理的甲烷传感器、便携式甲烷检测报警仪、甲烷检测报警矿灯等，每隔 10d 必须使用校准气体和空气样，按产品使用说明书的要求调校一次。调校时，应先在新鲜空气中或使用空气样调校零点，使仪器显示值为零，再通入浓度为 1%~2%的甲烷校准气体，调整仪器的显示值与校准气体浓度一致，气样流量应符合产品使用说明书的要求。

（4）除甲烷载体催化原理以外的其他气体监控设备应采用空气样和标准气样按产品说明书进行调校。风速传感器选用经过标定的风速计调校。温度传感器选用经过标定的温度计调校。其他传感器和便携式检测仪器也应按使用说明书要求定期调校。

（5）安全监控设备的调校包括零点、显示值、报警点、断电点、复电点、控制逻辑等。

（6）每隔 10d 必须对甲烷超限断电闭锁和甲烷风电闭锁功能进行测试。

（7）煤矿安全监控系统的分站、传感器等装置在井下连续运行 6~12 个月，必须升井检修。

（四）维护

（1）井下安全监测工必须 24h 值班，每天检查煤矿安全监控系统及电缆的运行情况。使用便携式甲烷检测报警仪与甲烷传感器进行对照，并将记录和检查结果报地面中心站值班员。当两者读数误差大于允许误差时，先以读数较大者为依据，采取安全措施，并必须在 8h 内将两种仪器调准。

（2）下井管理人员发现便携式甲烷检测报警仪与甲烷传感器读数误差大于允许误差时，应立即通知安全监控部门进行处理。

（3）安装在采煤机、掘进机和电机车上的机（车）载断电仪，由司机负责监护，并应经常检查清扫，每天使用便携式甲烷检测报警仪与甲烷传感器进行对照，当两者读数误差大于允许误差时，先以读数最大者为依据，采取安全措施，并立即通知安全监测工，在 8h 内将两种仪器调准。

（4）炮采工作面设置的甲烷传感器在放炮前应移动到安全位置，放炮后应及时恢复设置到正确位置。对需要经常移动的传感器、声光报警器、断电控制器及电缆等，由采掘班组长负责按规定移动，严禁擅自停用。

（5）井下使用的分站、传感器、声光报警器、断电控制器及电缆等由所在区域的区队长、班组长负责使用和管理。

（6）传感器经过调校检测误差仍超过规定值时，必须立即更换；安全监控设备发生故障时，必须及时处理，在更换和故障处理期间必须采用人工监测等安全措施，并填写故障记录。

（7）低浓度甲烷传感器经大于 4%的甲烷冲击后，应及时进行调校或更换。

（8）电网停电后，备用电源不能保证设备连续工作 1h 时，应及时更换。

（9）使用中的传感器应经常擦拭，清除外表积尘，保持清洁；采掘工作面的传感器应每天除尘；传感器应保持干燥，避免洒水淋湿；维护、移动传感器应避免摔打碰撞。

（五）便携式检测仪器

（1）便携式甲烷检测报警仪和甲烷报警矿灯等检测仪器应设专职人员负责充电、收发及维护。每班要清理隔爆罩上的煤尘，下井前必须检查便携式甲烷检测报警仪和甲烷检测报警矿灯的零点和电压值，不符合要求的禁止发放使用。

（2）使用便携式甲烷检测报警仪和甲烷报警矿灯等检测仪器时要严格按照产品说明书进行操作，严禁擅自调校和拆开仪器。

（六）备件

矿井应配备传感器、分站等安全监控设备备件，备用数量不少于应配备数量的 20%。

（七）报废

安全监控设备符合下列情况之一者，应当报废：设备老化、技术落后或超过规定使用年限的；通过修理，虽能恢复性能和技术指标，但一次修理费用超过原价 80% 以上的；严重失爆不能修复的；遭受意外灾害，损坏严重，无法修复的；不符合国家规定及行业标准规定应淘汰的。

九、煤矿安全监控系统及联网信息处理

（一）地面中心站的装备

（1）煤矿安全监控系统的主机及系统联网主机必须双机或多机备份，24h 不间断运行。当工作主机发生故障时，备份主机应在 5min 内投入工作。

（2）中心站应双回路供电并配备不小于 2h 在线式不间断电源；中心站设备应有可靠的接地装置和防雷装置；联网主机应装备防火墙等网络安全设备；中心站应使用录音电话；煤矿安全监控系统主机或显示终端应设置在矿调度室内。

（二）煤矿安全监控系统信息的处理

（1）地面中心站值班应设置在矿调度室内，实行 24h 值班制度。值班人员应认真监视监视器所显示的各种信息，详细记录系统各部分的运行状态，接收上一级网络中心下达的指令并及时进行处理，填写运行日志，打印安全监控日报表，报矿主要负责人和主要技术负责人审阅。

（2）系统发出报警、断电、馈电异常信息时，中心站值班人员必须立即通知矿井调度部门，查明原因，并按规定程序及时报上一级网络中心。处理结果应记录备案。

（3）调度值班人员接到报警、断电信息后，应立即向矿值班领导汇报，矿值班领导按规定指挥现场人员停止工作，断电时撤出人员。处理过程应记录备案。

（4）当系统显示井下某一区域瓦斯超限并有可能波及其他区域时，矿井有关人员应按瓦斯事故应急预案手动遥控切断瓦斯可能波及区域的电源。

（三）联网信息的处理

（1）煤矿安全监控系统联网实行分级管理。国有重点煤矿必须向矿务局（公司）安全监控网络中心上传实时监控数据，国有地方和乡镇煤矿必须向县（市）安全监控网络中心上传实时监控数据。网络中心对煤矿安全监控系统的运行进行监督和指导。

（2）网络中心必须 24h 有人值班。值班人员应认真监视监控数据，核对煤矿上传的隐患处理情况，填写运行日志，打印报警信息日报表，报值班领导审阅。发现异常情况要详细查询，按规定进行处理。

（3）网络中心值班人员发现煤矿瓦斯超限报警、馈电状态异常情况等必须立即通知煤矿核查情况，按应急预案进行处理。

（4）煤矿安全监控系统中心站值班人员接到网络中心发出的报警处理指令后，要立即处理落实，并将处理结果向网络中心反馈。

（5）网络中心值班人员发现煤矿安全监控系统通讯中断或出现无记录情况，必须查明原因，并根据具体情况下达处理意见，处理情况记录备案，上报值班领导。

（6）网络中心每月应对瓦斯超限情况进行汇总分析。

十、管理制度与技术资料

(1) 煤矿应建立安全监控管理机构。安全监控管理机构由煤矿主要技术负责人领导，并应配备足够的人员。

(2) 煤矿应制定瓦斯事故应急预案、安全监控人员岗位责任制、操作规程、值班制度等规章制度。

(3) 安全监控工及检修、值班人员应经培训合格，持证上岗。

(4) 账卡及报表。

1) 煤矿应建立以下账卡及报表：①安全监控设备台账；②安全监控设备故障登记表；③检修记录；④巡检记录；⑤传感器调校记录；⑥中心站运行日志；⑦安全监控日报；⑧报警断电记录月报；⑨甲烷超限断电闭锁和甲烷风电闭锁功能测试记录；⑩安全监控设备使用情况月报等。

2) 安全监控日报应包括以下内容：①表头；②打印日期和时间；③传感器设置地点；④所测物理量名称；⑤平均值；⑥最大值及时刻；⑦报警次数；⑧累计报警时间；⑨断电次数；⑩累计断电时间；⑪馈电异常次数及时刻；⑫馈电异常累计时间等。

3) 报警断电记录月报应包括以下内容：①表头；②打印日期和时间；③传感器设置地点；④所测物理量名称；⑤报警次数、对应时间、解除时间、累计时间；⑥断电次数、对应时间、解除时间、累计时间；⑦馈电异常次数、对应时间、解除时间、累计时间；⑧每次报警的最大值、对应时刻及平均值；⑨每次断电累计时间、断电时刻及复电时刻，平均值，最大值及时刻；⑩每次采取措施时间及采取措施内容等。

4) 甲烷超限断电闭锁和甲烷风电闭锁功能测试记录应包括以下内容：①表头；②打印日期和时间；③传感器设置地点；④断电测试起止时间；⑤断电测试相关设备名称及编号；⑥校准气体浓度；⑦断电测试结果等。

(5) 煤矿必须绘制煤矿安全监控布置图和断电控制图，并根据采掘工作的变化情况及时修改。布置图应标明传感器、声光报警器、断电控制器、分站、电源、中心站等设备的位置、接线、断电范围、报警值、断电值、复电值、传输电缆、供电电缆等；断电控制图应标明甲烷传感器、馈电传感器和分站的位置、断电范围、被控开关的名称和编号、被控开关的断电接点和编号。

(6) 煤矿安全监控系统和网络中心应每3个月对数据进行备份，备份的数据介质保存时间应不少于2年。

(7) 图纸、技术资料的保存时间应不少于2年。

附录四　低浓度载体催化式甲烷传感器校准规范

（1）在用的低浓度载体催化式甲烷传感器每隔 10d 应按以下方法调校：

1）配备器材：1%~2%CH_4 校准气体、配套的减压阀、气体流量计和橡胶软管、空气样。

2）调试程序：

①空气样用橡胶软管连接传感器气室。调节流量控制阀把流量调节到传感器说明书规定值。

②调校零点，范围控制在 0.00~0.03%CH_4 之内。

③校准气瓶流量计出口用橡胶软管连接传感器气室。

④打开气瓶阀门，先用小流量向传感器缓慢通入 1%~2%CH_4 校准气体，在显示值缓慢上升的过程中，观察报警值和断电值。然后调节流量控制阀把流量调节到传感器说明书规定的流量，使其测量值稳定显示，持续时间大于 90s。显示值应与校准气浓度值一致。若超差应更换传感器，预热后重新测试。

⑤在通气的过程中，观察报警值、断电值是否符合要求，注意声、光报警和实际断电情况。

⑥当显示值小于 1.0%CH_4 时，测试复电功能。测试结束后关闭气瓶阀门。

3）填写调校记录，测试人员签字。

（2）新甲烷传感器使用前、在用甲烷传感器大修后，应参照 AQ 6203—2006 按以下方法调校：

1）配备仪器及器材：载体催化式甲烷测定器检定装置、秒表、温度计、校准气（0.5%、1.5%、2.0%、3.5%CH_4）、直流稳压电源、万用表、声级计、频率计、系统分站等。

2）调校程序：

①检查甲烷传感器外观是否完整，清理表面及气室积尘。

②甲烷传感器与分站（或稳压电源、频率计等）连接，通电预热 10min。

③在新鲜空气中调仪器零点，零值范围控制在 0.00~0.03%CH_4 之内。

④按说明书要求的气体流量，向气室通入 2.0%CH_4 校准气，调校甲烷传感器精度，使其显示值与校准气浓度值一致，反复调校，直至准确。在基本误差测定过程中不得再次调校。

⑤基本误差测定。按校准时的流量依次向气室通入 0.5%、1.5%、3.5%CH_4 校准气，持续时间分别大于 90s，使测量值稳定显示，记录传感器的显示值或输出信号值（换算为甲烷浓度值）。重复测定 4 次，取其后 3 次的算术平均值与标准气样的差值，即为基本误差。

⑥在每次通气的过程中同时要观察测量报警点、断电点、复电点和声、光报警情况。以上内容也可以单独测量。

⑦声、光报警测试。报警时报警灯应闪亮，声级计距蜂鸣器 1m 处，对正声源，测量声级强度。

⑧测量响应时间。用秒表测量通入 2.0%CH_4 校准气，显示值从零升至最大显示值90%时的起止时间。

⑨测试过程中记录分站的传输数据。误差值不超过 0.01%CH_4。

⑩数字传输的传感器，必须接分站测量传输性能。

附录五　煤矿瓦斯监测工安全操作规程

（1）瓦斯监测工负责管辖范围内的矿井通风安全监测装置的安装、调试、维修、校正工作。

（2）瓦斯监测工应将在籍的装置逐台建账，并认真填写设备及仪表台账、传感器使用管理卡片、故障登记表、检修校正记录。

（3）必须严格执行交接班制度和填报签名制度。

（4）交接班内容包括：

1）设备运行情况和故障处理结果；

2）井下传感器工作状况、断电地点和次数；

3）瓦斯变化异常区的详细记录；

4）计算机的数据库资料。

（5）接班后，首先与通风调度取得联系，接受有关指示。

（6）对井下瓦斯变化较大的地区，要详细跟踪监视，并向通风调度汇报。

（7）应每隔30分钟检查1次各种仪表的指示、机房室温、机身温度和电源、电压波动情况。

（8）应将本班的瓦斯变化情况于当天打印成报表送通风技术主管审查签字。

（9）与井下监测员协调配合进行传感器的校正。

（10）停电的顺序是：主机→显示器、打印机等外围设备→不间断稳压电源→配电柜电源。

（11）送电顺序是：配电柜电源→不间断稳压电源→打印机、显示器等外围设备→主机。送电前应将所有设备的电源开关置于停止位置，严禁带负荷送电。

（12）进入机房要穿洁净的工作服、拖鞋，不得将有磁性和带静电的材料、绒线和有灰尘的物品带进机房。要经常用干燥的布擦拭设备外壳，每班用吸尘器清扫室内。

（13）应备有必要的工具、仪器、仪表，并备有设备说明书和图纸。

（14）按规定准备好检修时所需要的各种电源、连接线，将仪表通电预热，并调整好测量类型和量程。

（15）隔爆检查的步骤：

1）按《爆炸性环境　第1部分：设备　通用要求》（GB 3836.1—2010）检查设备的防爆情况。

2）检查防爆壳内外有无锈皮脱落、油漆脱落及锈蚀严重现象，要求应无此类现象。

3）清除设备内腔的粉尘和杂物。

4）检查接线腔和内部电器元件及连接线，要求应完好齐全，各连接插件接触良好，各紧固件应齐全、完整、可靠，同一部位的螺母、螺栓规格应一致。

5）检查设备绝缘程度。水平放置兆欧表，表线一端接机壳金属裸露处，另一端接机内接线柱，匀速摇动表柄，若读数为无限大（∞），表明绝缘合格。

6）接通电源，对照电路原理图测量电路中各点的电位，判断故障点，排除故障。

（16）通电测试各项性能指标的内容包括：

1）新开箱或检修完毕的设备要通电烤机，经48小时通电后分三个阶段进行调试。

①粗调。对设备的主要性能做大致的调整和观察。

②精调。对设备的各项技术指标进行调试、观察和测试。

③检验。严格按照设备出厂的各项技术指标进行检验，通电时间要从问题处理完后重新开始计算。

2）烤机完毕，拆除电源等外连接线，盖上机盖，做好记录，入库备用。

（17）根据要求确定安装位置和电缆长度。

（18）设备各部件应齐全、完整，电缆应无破口，相间绝缘及电缆导通应良好，并备足安装用的材料。

（19）瓦斯校准气样的配制应采用煤炭工业技术监督主管部门确认的装置和方法制备甲烷与空气的混合气体，不确定度应小于5%。制备所用的原料气应选用浓度不低于99.9%的高纯甲烷气体。

（20）设备搬运或安装时要轻拿轻放，防止剧烈振动和冲击。

（21）敷设的电缆要与动力电缆保持0.3m以上的距离。固定电缆用吊钩悬挂，非固定电缆用皮带或其他柔性材料悬挂，悬挂点的间距为3m。

（22）敷设电缆时要有适当的弛度，要求能在外力压挂时自由坠落。电缆悬挂高度应大于矿车和运输机的高度，并位于人行道一侧。

（23）电缆之间、电缆与其他设备连接处，必须使用与电气性能相符的接线盒。电缆不得与水管或其他导体接触。

（24）电缆进线嘴连接要牢固、密封要良好，密封圈直径和厚度要合适，电缆与密封圈之间不得包扎其他物品。电缆护套应伸入器壁内5~15mm。线嘴压线板对电缆的压缩量不超过电缆外径的10%。接线应整齐、无毛刺，芯线裸露处距长爪或平垫圈不大于5mm，腔内连线松紧适当。

（25）传感器或井下分站的安设位置要符合有关规定。安装完毕，在详细检查所用接线、确认合格无误后，方可送电。井下分站预热15min后进行调整，一切功能止常后，接入报警和断电控制并检验其可靠性，然后与井上联机并检验调整跟踪精度。

（26）每7天对监测设备进行一次调试校正。

（27）在给传感器送气前，应先观察设备的运行情况，检查设备的基本工作条件，应反复校正报警点和断电点。

（28）送气前要进行跟踪校正，应在与井上取得联系后，用偏调法在测量量程内从小到大、从大到小反复偏调几次，尽量减小跟踪误差。

（29）首先用空气气样对设备校零，再通入校准气样校正精度，锁好各电位器。给传感器送气时，要用气体流量计控制气流速度，保证送气平稳。

（30）定期更换传感器里的防尘装置，清扫气室内的污物。当载体催化元件活性下降时，如调正精度电位器，其测量指示值仍低于实际的甲烷浓度值，传感器要上井检修。

（31）设备在井下运行半年后，要上井进行全面检修。

（32）排除故障时应注意以下问题：

1）应首先检查设备电源是否有电；

2）可用替换电路板的方法，逐步查找故障；

3）应一人工作，一人监护。严禁带电作业。并认真填写故障处理记录表。

（33）必须按产品使用说明书的规定对仪器进行充电。

（34）每隔7天对仪器的零点、精度、报警点进行一次调校。

附录六　煤矿安全监测监控系统方案设计

一、设计的要求、原则、依据

（一）煤矿对监测监控系统的设计要求

（1）建立装备齐全、运行正常、闭锁可靠、处置及时的煤矿安全监控系统，确保监控有效。

（2）确保系统装备齐全。监控系统的中心站、分站、传感器等设备要齐全，安装设置要符合下列规定要求：

1）所有煤矿须按照《煤矿安全监控系统及检测仪器使用管理规范》（AQ 1029—2007）的要求安装煤矿安全监控系统。

2）安全监控系统的中心站、分站、传输电缆（光缆）、传感器等设备的安装设置须符合规定。中心站应双回路供电，井下分站应设置在进风巷道或硐室中；井下设备之间使用专用阻燃电缆（光缆）。

3）矿井安全监控系统中心站必须实时监控全部采掘工作面瓦斯浓度变化、被监控设备的通断电状态和各类传感器的运行状态。

4）甲烷浓度、一氧化碳浓度、风速、风压、温度、烟雾、馈电状态、风门状态、风筒状态、局部通风机开停、主通风机开停等各类传感器安设的数量、地点应符合规定，并实现甲烷超限声光报警、断电和甲烷风电闭锁控制。

5）突出危险区域、石门揭煤的掘进工作面安设的 T_1、T_2 必须是高低浓度甲烷传感器；除按照《煤矿安全规程》、《煤矿安全监控系统及检测仪器使用管理规范》等规定设置传感器外，还应在以下场所增设传感器：

①长距离掘进的巷道，每达 500m 时设一个甲烷传感器，其报警浓度、断电浓度、断电范围和复电浓度与回风流甲烷传感器相同。

②采动卸压带、地质构造带，采掘面过老巷、采空区、钻场，距突出煤层法距小于 15m 的顶底板岩巷掘进工作面等处，必须增设甲烷传感器，具体位置和数量由煤矿总工程师根据实际情况确定。

6）瓦斯抽采站的抽采主干管、工作面瓦斯抽采干管必须安装瓦斯计量装置，按规定测定瓦斯抽采量。

7）新建的高瓦斯、煤与瓦斯突出矿井井筒揭煤前必须设置瓦斯断电仪，进入煤巷施工前必须安装矿井安全监控系统。

8）瓦斯抽采、主要通风机运行状态等监控要与矿井安全监控系统联网运行，全省所有矿井安全监控系统必须实现联网；煤矿安全监控系统和生产调度系统必须联合值守、统一指挥。

（3）确保系统运行正常。甲烷传感器必须按期调校，其报警值、断电值、复电值要准确，监控中心能适时反映监控场所瓦斯的真实状态。

1）建立健全各种规章制度，确保安全监控系统正常运行。要制定安全监控岗位责任制、操作规程、值班制度等规章制度；完善图纸台账；配备足够的管理、维护、检修、值班人员，并经培训持特种作业资格证上岗。

2）监控主机能显示所有传感器的信息，信息能真实反映监测对象的数值或状态；甲烷传感器必须按照规定的位置、地点、报警和断电浓度、断电范围等进行设置，必须按规定的周期在井下用正确的方法调校，确保数据准确。

3）必须采用新鲜空气和标准气样分别调校，确保显示和断电误差在规定范围内。新装备的系统必须符合《煤矿安全监控系统通用技术要求》（AQ 6201—2007），并取得煤矿安全标志证书，其传感器调校期为10d。

4）矿井安全监控日报内容齐全，矿长和总工程师逐日签字审批，问题和故障实现闭合处理。

（4）确保系统断电闭锁可靠。当瓦斯超限时，监控系统必须能够及时切断工作场所的电源，迫使采掘等生产活动停止。

1）正确选择监控设备的供电电源和连线方式，确保监控系统断电和故障闭锁功能正常；监控设备的供电电源必须取自被控开关的电源侧；每隔10d必须对甲烷超限断电闭锁和甲烷风电闭锁功能进行测试，保证甲烷超限断电、停风断电功能和断电范围的准确可靠。

2）采、掘工作面等作业地点瓦斯超限时，应声光报警，自动切断监控区域内全部非本质安全型电气设备的电源并保持闭锁状态，中心站应正确显示报警断电及馈电的时间及地点；被控设备的安装、拆除等要严格按规定程序执行，不得随意增加机电设备。

（5）确保及时应急反应。矿井要制定瓦斯事故应急预案，当出现瓦斯超限和各类异常现象时，能够迅速作出反应，采取正确的应对措施，使事故得到有效控制。

1）及时分析监控系统所反映的瓦斯涌出规律和瓦斯涌出的异常情况，建立健全瓦斯事故应急预案，完善应急措施。

2）建立非正常状态处置程序和应急预案，实行井下24h值班，6h处理故障。

3）瓦斯检查员做到班中校对甲烷传感器显示数值，监测工落实10d校验制度。禁止井下联网在线修理各类故障传感器。

4）通风调度与监控值班要互通信息，做到异常情况及时报告，严禁自行处理，做到记录完整、真实。

（二）监测监控系统设计原则

在监测监控系统设计过程中，经常需要各个专业人员的密切配合。其设计步骤与原则如下：

（1）了解安全、生产系统对监测监控系统的要求。不同的安全、生产系统对监测监控系统的要求不同，因此首先必须详细地了解安全、生产对系统的要求，明确设计任务。

（2）调研、收集资料。在明确设计任务后，就要有目的地进行调研、收集资料。主要内容应包括：

1）通过国际互联网，了解所设计系统目前国内外现状及发展趋势；通过查新了解有关新理论、新技术、新元器件等。

2）实地考察已有成熟系统的使用情况；熟悉有关的法律、法规、设计规范、检测验收规范。

（3）系统总体方案确定。在充分调研、掌握大量资料的基础上，针对实际设计系统确定设计的总体方案，选择系统的结构形式。

（4）选择一次传感器、控制执行机构或元件，根据设计要求及确定的总体方案，选择做需要的一次传感器和合适的控制执行元件。应根据总体方案及可靠性、经济性等情况选择计算机的机型、机种。应根据总体方案的要求，进行系统硬件设计和具体电路设计，尽量采用成熟的、经过实践考验的电路和环节。同时考虑新技术、新元器件、新工艺的应用。

（5）系统软件设计。根据软件设计原则、方法及系统的要求进行应用程序设计。尽量采用组态设计，注意兼容性、可扩展性。

（6）系统试验室调试。系统软件设计完成并进行正确组装后，按设计任务的要求在实训室进行模拟试验。通过试验对设计系统进行初步考核，以便发现问题，进行改进，为现场工业性试验奠定基础。工业性试验将所设计的系统安装于实际工业现场，由生产过程对系统进行实际考核，对存在的问题进行改进，最大限度地满足生产、安全需要。在最大限度地满足生产、安全系统要求的前提下，一般要力求做到五性：

1）可靠性。监测监控系统可靠性高，是系统设计最重要的原则。要保证系统在使用条件下工作稳定且可靠性高，必须具备较强的抗干扰性能。

2）先进性。使用的元器件、传感器、执行器、检测方法、控制方法、程序设计、输入输出方式及手段等，都应符合技术发展方向，具有技术的先进性。

3）通用性。系统不需任何改动或只进行少许改动就能应用于其他场合，构成新的监测监控系统。

4）合理性。电路结构简单，软硬件功能搭配恰到好处，便于安装、维护检修。

5）经济性。系统功能强，成本低，性价比高。

（7）编写检定技术文件。一般在工业试验通过之后，有关部门要对系统组织技术或产品检定，因此需要编写检定技术文件。检定技术文件一般包括以下内容：

1）任务来源及要求，即计划任务书、合同书。

2）研制报告。说明目前国内有关情况、研制设计的关键、解决方法和措施、最终结果（有的称为可行性论证报告）。

3）试制报告。说明试制过程、试制过程中出现的问题、解决措施。

4）技术条件。说明对设计检验的方法及达到的功能指标要求（也可称为技术考核试验大纲）。

5）形式实训报告。由指定机关进行检验后作出的结论性报告。

6）标准化审查报告。由指定机关对设计中标准化情况作出的报告。

7）防爆检验报告。由指定机关对煤矿井下应用的设备作出的防爆检验报告。

8）系统图册，系统设计的详细图纸。

9）试验说明书。写明系统概况、主要技术指标、使用条件、使用方法、注意事项等。

10）工业试验大纲。写明试验现场地点、条件、试验时间、设备安装情况、考核内容、考核方法等。

11）工业试验报告。由现场对所试验系统作出总体和结论性报告。

12）证明文件。查新证明，即查阅与本设计有关的国内外最新情况证明。有的检定还需要“经济效益和社会效益”的有关证明。

（三）煤矿安全监测监控系统设计依据

安全生产系统对安全监测监控系统的要求应由设计单位提出。但这些要求一般都比较笼统，因此，在此基础上还必须做进一步调查研究，收集有关系统设计的大量原始资料。其设计依据一般要包括：

（1）需要监测参数的种类、数量、极限变化范围、常用范围。

（2）需要监测参数的性质，例如，模拟量是电压型、电流型、频率型还是电阻型，开关量是触点信号还是有源信号等。

（3）监测对象所处环境是一般场所还是有爆炸危险、高温、潮湿等特殊场所。

（4）监测精度和速度。

（5）监测对象环境、数量、性质等。

（6）控制对象环境、数量、性质、控制方式及控制精度等。

（7）信息输出形式，如显示、打印记录、存储、传输距离等。

（8）系统可靠性，如系统是长期还是顿起运行、允许故障时间、若发生故障后后果如何等。

总之，对生产现场了解得越充分，设计就越合理，有时对关键性问题必须身临其境，在第一现场进行考察，甚至做必要的试验，以便掌握第一手资料。

二、设备的选型与布置

（一）矿用传感器的选型

1. 高瓦斯矿井的回采工作面传感器选型及配置

（1）在回采工作面中（轨道顺槽（采面回风巷或上副巷）距回采面 10m 内）设置低浓组合式甲烷传感器一台，其报警值为不小于 1.0%CH_4、断电值为不小于 1.5%CH_4、断电范围为工作面及其回风巷内全部非本安电器设备、复电值为小于 1.0%CH_4。

（2）在回采工作面上隅角设置低浓组合式甲烷传感器一台，其报警值为不小于 1.0%CH_4、断电值为不小于 1.5%CH_4、断电范围为工作面及其回风巷内全部非本安电器设备、复电值为小于 1.0%CH_4。

（3）在回采工作面中（轨道顺槽（采面回风巷或上副巷）距回采面 10m 内）设置粉尘传感器（模拟量传感器）一台。

（4）在回采工作面中（轨道顺槽（采面回风巷或上副巷）尾部，距联络巷 10~15m 处）设置低浓组合式甲烷传感器一台，其报警值为不小于 1.0%CH_4、断电值为不小于 1.0%CH_4、断电范围为工作面及其回风巷内全部非本安电器设备、复电值为小于 1.0%CH_4。

（5）在工作面回风巷中（轨道顺槽尾部，巷道前后 10m 内无分支风流、无障碍、无拐弯，断面无变处）设置风速传感器一台。当风速低于或超过设计风速值的 20%时，应发出声、光报警信号。

（6）在回采工作面馈电开关处设置断电仪及馈电状态传感器各一台；在工作面回风巷馈电开关处设置断电仪及馈电状态传感器各一台。

（7）在工作面运输顺槽（进风巷或回风巷上\下副巷或皮带巷\轨道巷）设置设备开停传感器；运输顺槽胶带机滚筒下风侧10~15m处设置一氧化碳传感器和烟雾传感器各一台。

2. 低瓦斯矿井的掘进工作面传感器选型及配置

井下采区共配有三个掘进工作面，传感器的选配如下：

（1）在掘进工作面（距掘进面5m内），设置低浓组合式甲烷传感器一台，其报警值为不小于1.0%CH_4、断电值为不小于1.5%CH_4、断电范围为掘进巷内全部非本安电气设备、复电值为小于1.0%CH_4。

（2）在掘进工作面中（距掘进头5m内），设置粉尘传感器一台。

（3）在掘进工作面回风流中（距掘进巷尾部10~15m处）设置高低浓组合式甲烷传感器一台，其报警值为不小于1.0%CH_4、断电值为不小于1.0%CH_4、断电范围为掘进巷内全部非本安电气设备、复电值为小于1.0%CH_4。

（4）掘进工作面的风筒设置风筒传感器一台，掘进工作面局扇处设置设备开停传感器一台，掘进工作面中的送风、电气设备和瓦斯浓度构成风电瓦斯闭锁。

（5）在掘进工作面中馈电开关处设置断电器及馈电状态传感器各一台。

3. 其他地点传感器的选型及配置

（1）在风机风硐内设置风速传感器和负压传感器各一台。

（2）在总回风巷测风站设置风速传感器、甲烷传感器、一氧化碳传感器和温度传感器各一台。

（3）在轨道巷五部、六部绞车房设甲烷传感器和温度传感器各一台。

（4）在各地点胶带输送机、运输大巷胶带输送机和滚筒下风侧10~15m处设置一氧化碳传感器和烟雾传感器各6台。

（5）井下21排水泵房及变电所设温度传感器和甲烷传感器及断电仪各一台。

（6）设备开停传感器的布置：

1）在轨道下山绞车房设置1台；

2）工作面、备采面胶带输送机及掘进胶带输送机各1台；

3）井下主排水泵房3台；

4）通风机房2台；

5）压风机房1台；

6）主斜井胶带输送机各1台；

7）风门开关10组；

8）井底水仓设液位传感器1台；

9）地面及井下中央变电所设电力传感器各1台；

10）主斜井胶带机滚筒下风侧10~15m处设置烟雾传感器各1台。

（二）分站的选型与布置

1. 分站的选择要求

（1）分站是煤矿安全监控系统中用于接收来自传感器的信号，并按预先约定的复用方式远距离传送给传输接口，同时，接收来自传输接口多路复用信号的装置。

（2）分站还具有线性校正、超限判别、逻辑运算等简单的数据处理和对传感器输入的信号与传输接口传输来的信号进行处理的能力，控制执行器工作。

（3）分站设置数量应不少于 4 台。地面软件监控分站设置过少时，会使系统软件巡检周期变短。当巡检周期小于 2s 后（分站少于 4 台），井下分站将来不及采集传感器数据，不停地与地面进行应答通信，分站和地面主机收到第一组数据后就不再刷新，但传感器工作正常。

（4）分站总数少的矿井，不要把分站测点开辟得过少，一般不小于五台。电源箱入井前必须按照使用说明书进行测试调校，各项技术指标应与说明书相符，接入系统运行 48h 后，确认没有问题才能下井。入井前要按照矿电管部门要求，核查防爆性能和完好情况，取得“防检证”后方可入井安装。

（5）每台分站箱内要贴一张该分站配置表，以便查找处理故障。当定义参数变动时，要及时修改，保证配置表和实际情况一致。

（6）分站和电源箱的接线要符合《煤矿机电设备完好标准》的要求，各插头要插接牢靠，旋紧压帽，插接头处要定期检查，防止松动。分站和电源箱安装完毕通电后，要用万用表测试输入输出端口的技术参数，并观察分站显示值和状态值与所带监测量是否一致，防止出现偏差。

（7）根据各分站与中心站的通讯距离，调整好各分站通讯发送信号幅度，保证分站通讯正常。每月要对系统运行分站的信号幅度和中心频率进行一次测试。本质安全电源部分的技术指标，在下井前要对过流、短路保护功能进行测试，保证其动作可靠；在使用过程中，也要定期测试。

（8）在用的分站电源备用电池组，要每月检验 1 次放电时间能否满足技术指标或实际供电时间，防止备用电池组不起作用。存放未用的电池组（箱）要每季度充放电 1 次，防止电池提前老化失效。隔爆型电源箱等隔爆电气设备，其维护管理要符合《煤矿安全规程》和《煤矿矿井机电设备完好标准》的要求。

2. 分站的布置

（1）井下分站要安设在便于人员观察与调试及支护良好、无淋水、无杂物的进风巷道或硐室中。安设时要加支架，使其距巷道底板不小于 300mm。

（2）地面试验分站最多配置两台，并在定义中表示清楚。接入系统时，要保持与系统正常通讯，否则要从定义中删除，以免增加系统巡检周期。定期校正分站模入口，保证其数据准确。各类传感器在入井前均要按照使用说明书进行调校标定，通电运行 24h，准确无误后方可入井使用。

（三）控制断电器的选型与布置

凡监测区域有电气设备的场所，必须实现自动切断电气设备电源。分站可以实现断电控制的，严禁使用异地分站控制断电；断电控制器的电源必须接在电源侧，不许接在被控开关的负荷侧；带断电监视的断电器，必须实现监测被控开关状态功能，确保控制无误；断电控制器入井前应按照使用说明书进行功能试验，功能正常、隔爆性能良好、零部件齐全，符合电气设备完好标准方可入井使用，运行中的断电控制器要经常检查，严格按照隔爆型电气设备管理。

采掘工作面每天必须至少进行1次断电功能试验，确保瓦斯超限时，断电功能灵敏可靠。其他场所视具体情况进行，一般不得超过7天试验1次；断电功能试验，要在采掘工作面等场所正常供电情况下进行，无论由中心站发手控命令还是现场试验，试验前要先通知矿调度所，以便调度人员掌握现场情况。中心站值班人员在进行断电试验过程中要做好记录，对功能失灵的场所，要立即通知监控值班人员，进行处理。处理结果中心站要有详细记录，供事故追查。

（1）断电控制方式。安装断电控制时，断电控制器与被控开关之间必须根据控制方式及条件正确接线。因监控区域环境、条件等原因，监控断电控制方法大致可分为就地断电控制、区域断电控制和异地断电制控制。监控系统断电控制输出方式有光电偶合、开关管、可控硅等。通常断电输出接口有高低电平和晶体管无源触点型，并且分站的断电控制端口一般能进行高低电平选择和常开、常闭的转换，以适应不同开关闭锁状态控制要求。

（2）断电传感器安装。当监控系统执行断电控制时，馈电传感器可以监测到馈电开关或电磁启动器负荷侧有无工作电压，如仍有电压表明被控没有正常断电。因目前矿井所使用的电缆一部分带有屏蔽层，馈电传感器不易测出馈电信号，或监测可靠性差，这时可通过监控系统开停状态实现被控开关馈电信号的监测。连接方法是从分站（区域控制器）开入量接线端口引出信号电缆接到馈电开关或磁力启动器最后一级控制回路无源辅助常开接点上，当被控开关负符侧有电或无电时，通过监控分站（区域控制器）开入量信号反馈便可以较准确判断出开关负符侧电源是否断电。

（3）开关的选择。使用煤矿安全合格的防爆型开关设备，国家明令禁止的、落后的、不能实现闭锁的开关，严禁作为瓦斯断电被控开关，如DW80馈电开关。应使用具有瓦斯风电功能专用接口的馈电开关，且具有断电显示功能，有利于执行断电后区别不同断电原因。《煤矿安全规程》（2014版）第三章通风与安全监控和《煤矿安全监控系统通用技术要求》（AQ 6201—2007）对风电闭锁、瓦斯电闭锁和甲烷风电闭锁功能，提出了9条要求，主要包括三点内容：

1）断电值和断电区域的变化。新AQ标准明确了“掘进工作面回风流中的甲烷浓度达到或超过1.0%CH_4时，声光报警、切断掘进巷道内全部非本质安全型电气设备的电源并闭锁”，改变了“工作面回风流与全风压风流混合处甲烷浓度达到1.5%时，切断回风区域内的动力电源并闭锁”的要求。

2）明确自动解锁风机电源的瓦斯浓度。《煤矿安全规程》规定了“局部通风机停止运转，停风区域中甲烷浓度达到3.0%时闭锁装置应能闭锁局部通风机的电源”，而没有明确甲烷浓度降到多少时，自动解锁，通常设定为小于3%CH_4时自动解锁。AQ 6201—2007中明确规定了“当掘进工作面或回风流中甲烷浓度低于1.5% CH_4时，自动解锁”。

3）增加开关量声光报警。通常甲烷风电闭锁装置或是安全监控分站，所配接的甲烷传感器的声光报警，可以等同于装置或是分站系统声光报警。但是由于新AQ标准中，明确提出“局部通风机停止运转或风筒风量低于规定值时，声光报警”，这就要求甲烷风电闭锁装置或是安全监控分站本身必须具有声光报警或可以外接声光报警器，来实现在设备开停传感器或风筒风量开关异常时的声光报警功能。

新AQ标准自2007年颁布实施以来，要求矿用安全监控分站必须具备甲烷风电闭锁功能，并且分站与地面中心站失去联系时，能够独立工作，完成除通信、异地断电等以外的所有功能。这就要求分站在设计时，除了考虑通用监测监控以外，还必须能够方便地转换成为甲烷风电闭锁分站。所以作如下约定：当分站地址码的 8 位设定在 ON 状态时，分站将实现甲烷风电闭锁功能。

（四）避雷器的选型与布置

监控系统必须具有防雷保护。KHX90 型通讯线路避雷器是为防止煤矿井下和机房遭受雷电通过通讯线路窜入的袭击，从而损坏与之相连的电器设备，引发安全事故而专门设计研制的。它主要用于双绞线通讯线路的防雷保护，适用地面机房及井口非爆炸性危险场所即无显著震动和冲击的场合。其适宜工作温度在 -5 ~ 40℃ 之间，大气压力为 70 ~ 110kPa；相对湿度小于 90%。

1. 主要技术要求

通讯避雷器的电路设计选用了阻抗线圈、压敏电阻和熔断保险管等多种无源器件；在它内部设有混合型、多层次雷电及浪涌保护屏障；具有插入损耗小、线间耦合电容小、兼容性好、安装使用方便等优点。

2. 安装使用注意事项

（1）两端地线不可接在一起，也不可同时接地，否则将会失去防雷效果，但入线端和出线端可相互调换。

（2）接地必须可靠。接地极附近的土壤应保持湿润。使用、维护人员应定期检查接地电阻的阻值，保持接地电阻不大于 2Ω。当接地电阻的阻值增大时，必须及时对所联设备采取进一步的避雷措施。

（3）接线完毕后应使用万用表等检测仪器检查线路，保证线路畅通，接触良好。安装完毕后将保险管插在保险座上。

（4）避雷器应置于干燥、避雨且不会被雷电击中外壳的位置。

（5）发生雷电天气后应及时检查避雷器保险管是否熔断、器件是否损坏。应及时更换损坏器件。如出现线路板敷层断裂，可采用相同宽度铜片进行修复。

（五）线缆的选择与布置

监控总站的数据传输接口，将井上和井下线路分开，监控系统井下电缆上设有避雷器，防止井上雷电窜入井下。

监控系统传输采用专用线路，沿斜井井筒内敷设一对矿用阻燃电缆，型号为 MHY-1×4×7/1. 38，其中一条为备用。井下主信号电缆为 MHY-1×4×1/1. 38 型矿用阻燃信号电缆；传感器电缆也为矿用阻燃信号电缆，型号为 MHYVR。

传输线路选用经检验合格的并符合煤矿井下环境的矿用阻燃信号电缆，构成全矿井的监测监控系统传输网络。监测监控系统的电缆，必须选用经过安全检验并取得煤矿矿用产品安全标志的产品。

1. 系统传输线路

分站主传输电缆，在使用过程中尽量少采用分支接头，各接头端的屏蔽层之间要牢固连接，包好绝缘胶带，屏蔽层绝不允许和芯线相碰，也不得和接线盒外壳、大地接触。通讯电缆的屏蔽层，只允许在地面中心站一点接地。屏蔽层接地要采用专用地线，其接地电阻要小于0.5Ω，不允许与中心站设备接地相碰。其接地电阻每年要测定1次，并有详细记录。

地面传输电缆，在中心站调制解调器的前端、地面分站传输电缆的端口及井口传输电缆的接头处，必须使用系统防雷装置。每年雷雨季节前，要对所有防雷装置和接线盒进行1次检查维护，严防接头松动和进水。

通讯电缆在同一巷帮敷设时，信号电缆要吊挂在动力电缆的上方，其间距不小于500mm。分站通讯电缆每隔200m做一个标志，其长度不小于100mm，以便识别管理。

传输电缆的接头，都要使用防水接线盒。接线盒处电缆要交叉绑紧，防止巷道变形和人为拉脱接头。进线电缆两端要向下垂，防止接线盒进水。

进入采区的传感器电缆的吊挂，要尽量沿巷道顶部中心线敷设，不允许与动力线绞合在一起，并保持平直稍有弛度；沿巷帮吊挂的电缆应防止金属棚卡子伸缩和肩窝来压挤伤。

分站的开入口和开出口引线电缆，要分别先进入标准接线盒中，所有线端必须压在接线柱上，并分别在接线柱上标明端口编号，防止接错。分站处不得留有过多的电缆，进出电缆应整齐美观。多种信息电缆同时敷设时，其线路中的接线盒应贴上标签，注明用途，以便查找故障。接线盒盖上的固定螺丝要涂油防锈，防止受潮锈死。

电源箱和被控开关所用电缆的维护，要符合矿井有关电气管理规定；系统所用电缆在入井前，均要在地面进行芯线通断、绝缘性能的测量，符合要求后方可入井。

2. 线缆的选用及使用要点

（1）从调度监控室到井筒（竖井）之间如果距离很长，可先用MHY32（1×4×1.0）主传输电缆（又名“信号电缆”）；假如其间距离不是很长，则用MHYBV（1×4）的钢丝铠装井筒电缆，一直延续到矿井下比较干燥（载无水滴、空气流通好）的环境；然后用绝缘胶布带将线头封固。

（2）提升井筒（竖井）的电缆线在放到位时，必须将该电缆固定到井筒壁（或相关的设施）上，以防长时间垂挂将电缆线拉断。

（3）上述两部分电缆最好使用“电缆对接器”连接，或在确定没有枝杈时用本安二通接线盒将其连接。

（4）井下的巷道呈斜坡（<45°）或平巷时，一律选用MHY32（1×4×1.0）主传输电缆，直至达到监控站（或PIC柜）（这段电缆与井筒电缆相连接）。

（5）分站（包括分站供电电源）的出线部分一律先用MHYVR（1×4×7/0.38）传感器专用电缆（又名“通讯电缆”），如果传感器本身带有电缆，则用本安二通接线盒将各个线头对应连接。

（6）注意事项：

1）电脑网络线路布置依照普通联机的布线方法；系统传输电缆应与动力电缆分道走线；如果无法分离，最近间距需不小于1m。

2）传输电缆尽量选用四芯，以便将其余两根线作为屏蔽层使用，所有电缆的屏蔽层尽量拧接在一起。

3）传输设施一定要远离动力线缆和动力电器设备；高压及所有非本安设备的接线盒

一定要做到线头与外界隔离，且所有含电路的设备应尽量安放在远离滴水、通风良好、空气温度低、温度适宜的环境中。

（7）调度监控室的布置。

1）地面尽量用抗静电材料的地板铺设；各种电线电缆不许拧绞在一起，尤其是传输电缆；

2）现场220V线路的布线必须先出草图；整个系统要求单点接地，即从机房引出地线，并且连接到室外的地线坑，而不允许与其他设备共用地线。

（8）系统接地装置施工方法。在距离建筑物基部不小于3m的地方挖掘方圆2m×2m×2m的土坑，底部匀撒5~10kg非加碘食盐（工业用盐也可），将一层铜质丝网平铺于食盐之上（铜网上预先连接好接地线），然后取土掩埋30~40cm，用水浇透后再撒5~10kg食盐，加30~40cm土后浇水，最上方留50~100cm的土壤，将系统地线与地线坑引线相连接即可（假如该建筑物留有剩余的地线装置，可将系统地线单独连接到该装置）。

矿井安全监控设备之间必须使用专用阻燃电缆或光缆连接，严禁与调度电话电缆或动力电缆等公用；监控系统井筒电缆芯对数应留有50%~100%的被用量。

（六）中心站的规划设计

千兆级交换网络平台是具备高带宽（1000Mbps）、远距离传输、接口开放的工业以太交换系统，采用环网连接架构，具备高速网络重构能力（<300ms），实现网络的容错稳定运行机制。

支持虚拟局域网（VLAN）、多波过滤、路由等功能，有效实现各自系统网络资源的共享及高效服务。系统采用高可靠性工业设计，在现场强电磁、高温、潮湿、高粉尘等环境下稳定工作，将维护量减至最低。实现千兆工业以太网络与调度中心原有办公网络的无缝连接，最大限度使用原有的资源，实现资源共享，覆盖所有工作面。

1. 综合自动化监控系统功能设计

（1）实现对井下各中央变电所及采区变电所设备启停、回路状态、操作记录等参数的集中显示和记录。系统将矿井下变电所的三遥控制通过工业以太网光缆连接到矿调度指挥中心，在指挥中心设置上位监控计算机显示回路模拟画面，显示各个回路电力参数和分合状态，当需要操作分合时，调度员可以通过输入口令进行高压柜的分合操作。对于生产相关的信息，如电流、功率、故障等，进行趋势显示和故障记录，同时可进行曲线或故障打印。

（2）实现对井下主排水泵房系统的监控。采用综合监控系统对矿井下主排水泵的主电机、电压、电流、有功功率、功率因数、电量等主水泵的工作状态显示给调度中心的操作人员。对于生产相关的信息，如水位、电动机电流、功率、故障等，进行趋势显示和故障记录。

（3）实现对井下皮带系统的监控。将矿井下输煤皮带采用综合监控系统接入新型的具备串行通讯能力的皮带机综合保护监控仪，实现对井下皮带的监测功能，以形象的动画模式将主运皮带的工作流程及各重要配接设备显示给调度中心的操作人员。同时，将可增加皮带监视所用的工业摄像头，一并接入综合监控系统的千兆工业以太网络之中，实现信息的协调一致。

（4）实现矿压监测系统的监控。为解决原有矿压检测系统距离远、电话线调制解调传输速度慢的问题，采用综合监控系统的通讯分站就地与监测分站相连接，将各点的前柱、后柱、侧柱的矿压通过延伸到综采工作面的工业以太网络进行100Mbps高速传输。在地面上的调度指挥中心将数据和支架画面直观地显示出来，实现矿压的实时检测，减少不必要的环节。

（5）实现对地面主扇风机系统的监控。在矿原有两台主扇风机的PLC上加装西门子CP343-1以太网卡后，接入综合监控骨干工业网络实现对地面主扇风机参数的检测，以形象的动画模式将主运皮带的工作流程及各重要配接设备显示给调度中心的操作人员，实现井下持续送风送氧功能。

（6）实现对主井、副井绞车系统的监控。在其PLC控制柜加装西门子CP343-1网卡，将其接入到综合监控千兆工业以太网络，实现在调度中心对主副井绞车的起停状态、主井提斗计数、深度指示、速度指示、信号指示、速度保护、过卷保护、过放保护、松绳保护、信号闭锁、电机工作电流、电机工作电压等参数的监视及报警，并以形象的动画模式显示给调度中心操作人员。

（7）实现对地面选煤厂集控系统的监测。针对选煤厂已具备的小型工业集控系统，将选煤厂接入骨干千兆网络，通过OPC软件解析的方式实现对各工艺过程生产工艺参数，如入料量、矿浆浓度、流量、悬浮液比重、黏度、药剂添加量、床层厚度、产品数量、灰分、水分、硫分、仓位和液位等的快速自动检测、自动指示和记录。

（8）实现对空气压缩系统的监控。在压风机现场安装西门子的PROFINET IPO，实现对空气压缩系统空气压缩机的工作状态、电动机电流、电动机保护信号等参数的检测。

（9）实现瓦斯安全监测系统的接入和监测。矿井安全监测监控系统已实现与集团公司信息网及矿调度中心联网共享等功能，但由于系统干线传输速度较慢、监测系统难以扩展等问题，采取井下各监控分站与最近的网络分站综合监控系统进行联通逐个接入，实现安全监测监控系统数据的快速传输和自由共享，并对每一个分站的位置及其测量的甲烷、风速、负压、一氧化碳的数值进行显示、报警和发布。

2. 监测监控系统方案设计

首先进行现场了解和技术调研是系统设计的准备工作，确定系统总体方案是进行系统设计的第一步，也是最重要最关键的一步。总体方案确定的好坏，直接影响整个监测监控系统的功能、指标、系统投资及实施细则的好坏，甚至关系设计的成败。总体方案主要是根据了解和调研掌握的大量资料，结合具体实际情况和现实可行的技术措施及方法来确定。

（1）确定系统的结构。在确定总体方案时，必须首先确定好系统的结构，这是系统设计的重要一步。根据所设计的监测监控系统复杂程度、测控范围及要求，确定出系统是一级管理系统还是分布式多级管理系统，是单计算机运行还是多计算机运行。

监测监控系统一般为一级或二级计算机管理系统。一级管理系统多为星型或树型。

（2）选择系统传感器。在确定总体方案时必须选择好被测参量的传感器，它是共享系统监测精度的重要因素之一。特别是随着半导体技术、监测监控技术的发展，测量各种参量（如甲烷浓度、一氧化碳浓度、温度、风速等）的传感器种类繁多，规格各异，因此，如何正确选择传感器不是一件容易的事，必须给予高度重视。在选择传感器时，应考虑以下几个方面：

1）最重要的检测精度、范围及寿命。在选择精度指标时，要以系统测控精度要求为依据，然后考虑系统中产生误差诸因素，对总误差进行合理的预分配，再按预分配给传感器的误差来选择所需传感器的精度。

2）信号输出形式，如电压、电流、频率输出及其分站信号采集种类的配套等因素。

（3）选择分站通道。分站通道是连接计算机与监测监控对象的纽带，是系统的重要组成部分。若通道不通就无法保证系统可靠工作；若通道产生误差过大，就无法达到预期的检测和控制目的。选择通道主要是根据传感器的信号种类、数量及受控设备的状况，选择通道中的关键性元器件，如多路开关、采样保持器、A/D 转换器、D/A 转换器等。

（4）选择外围设备。外围设备配置种类、型号主要根据系统要求和系统规模来确定。

在上述工作完成后，画出一个完整的监测监控系统原理框图，其中包括各种传感器、执行器、输入输出通道的主要元器件，微机及外围设备。它是整个系统的总图，要求简单、清晰、一目了然。

值得注意的是，在确定系统总体方案时，对系统的软件、硬件功能应做统一考虑。因为监测监控系统所要实现的某种功能往往既可以由硬件实现，也可以由软件完成。到底采用什么方式比较合适，应根据系统实时性及整个系统的功能价格比综合平衡后加以确定。一般情况下，用硬件实现速度比较快，占用 CPU 时间少，但系统比较复杂，价格比较高，而且故障多、可靠性下降。用软件完成系统简单、价格便宜，但要占用 CPU 时间多。

总之，在监测监控系统的功能中，到底哪些由硬件完成，哪些由软件实现，应该结合具体问题经过反复分析比较后确定。

3. 数字化工业电视监控系统

采用千兆骨干网络对视频系统进行接入，可有效减少光缆敷设量，使得摄像头的接入更加简便、数量更多。图像传输子系统根据实际情况，由网络视频编码器、交换机、视频服务器等设备组成。调度中心视频系统由视频服务器管理系统和显示系统组成；视频服务器管理系统完成对图像的存储和分类；显示系统由网络视频解码器、电视墙或大屏幕、矩阵切换器等组成，从网络接收监控图像，解码后送至矩阵切换器输出到电视墙或者大屏幕，实现全矿井的全方位监视。数字化工业电视监控系统可有效降低网络负荷及抑制网络广播等故障发生，应用时将所有视频接入的交换端口划为统一的虚拟局域网（VLAN）之内。

4. 数字化无线语音通信及人员定位系统

采用当今世界最先进的工业无线以太网技术，实现对井下及地面枢纽汇集点的无线信号全覆盖、区域无信号盲区、移动电话自由快速漫游、通话无延迟等功能。

采用地理信息系统对井下人员及设备进行分层显示，实现对地理位置及现场的虚拟显现。系统具有列表显示人员情况，模拟动画显示巷道布置图、人员位置、超时、报警等功能，同时系统具有分站、电源箱、传输接口和电缆等设备布置图显示功能。

5. 中央调度管理系统

主控中心调度系统通过接口采集外部信息流，经编辑、处理，生成内部信息，采用三维动画、报表、曲线及网页的形式进行显示，完成向生产调度管理人员、操作人员及系统维护人员和生产人员传递信息的功能。

6. 中心站的设计要求

监控系统计算机不得用作与监控无关的事。监控主机要定期轮换运行，正常情况下，不超过3个月轮换一次。中心站环境温度应在20±5℃；环境湿度应在40%~70%无凝结；中心站所有设备的连接线必须整齐有序，对接插头处要定期检查，保证其接触良好；中心站设备及设施要保持整洁，清洁工作每班都要进行，实行交接班制；中心站设备的接地电阻，每年要测试1次，其电阻值必须小于2Ω。

监测场所必须严格按照技术措施及有关规定进行定义。对变更监测场所的测点，要在中心站运行日志中详细记录下来，以便查找。系统中不用的测点名及图形，要及时修改和删除；中心站值班人员，发现瓦斯超限时，立即通知矿调度所和有关单位，并做好记录；对系统发生的所有事件，要详细记录下来，以便追查处理。

系统连接的各网络终端，应保证正常运行，不得无故停机。如需停机，要及时通知中心站值班人员。安全监控系统网络信息设备，要保持正常运行，如发现设备故障，要及时与集团公司计算中心联系，并做好运行记录。

三、安装使用及管理要求

（一）系统设备的安装方法

1. 设备入井前测试

（1）检查分站（区域控制器）配接设备插头、插座、电路板上的元器件是否完好，电源（电源扩展器）是否符合防爆要求；检查电源（电源扩展器）备用电池接线是否牢靠；

（2）分站（区域控制器）、电源（电源扩展器）测试：

1）电源（电源扩展器）测量变压器或开关电源，电源输入、输出符合设备技术要求；

2）电源（电源扩展器）测量电源板输出，电源输入、输出符合设备技术要求；

3）电源（电源扩展器）测量充电板充电电压，电源输入、输出符合设备技术要求；

4）分站（区域控制器）模拟量、开入量、开出量输出电压符合设备技术要求；

5）分站（区域控制器）显示单元所指示工作状态符合设备技术要求；

6）分站（区域控制器）与监控主机通讯，测试信号波形及通讯发送/接收频率，符合系统技术要求。

（3）测试断电控制：由监控主机发出的断电指令，分站（区域控制器）对应开出端口是否有信号输出。

（4）甲烷、一氧化碳传感器标校，测试传感器的报警、断电、复电点。测试的传感器数据、状态均能正常显示，调校误差在规定范围内，传感器输出达到稳定值90%时间不大于20s，报警、断电时间不大于2s，报警声级强度在距其1m远处的声响信号的声级应不小于80dB，光信号应能在20m远处清晰可见。

（5）模拟量、开关量传感器的测试数据、状态与监控主机记录数据保持一致。数据采集、状态响应时间差最大不超过30s。

（6）模拟交流断电，测试电源箱（电源扩展器）备用电池供电时间不小于2h。

(7) 分站（区域控制器）、电源（电源扩展器）和传感器、断电执行器等入井设备，地面测试时间不小于 24~48h。

2. 设备的安设要求

监控系统设备安装要有完整的安装设计、传输线路的敷设、分站、传感器的安装及设备供电、断电控制等。

传输接口、光端机、以太环网交换机等主通讯设备应安设在中央变电所、采区机电硐室等主要配电点，设备必须使用专用电源。

分站（区域控制器）应安装在配电点、工作面进风巷或采区轨道、皮带进风巷等地方，严禁安设在专用排瓦斯巷或专用回风巷，巷道内应保证支护良好、无滴水、无片帮、不影响行人和行车，便于工作人员观察、调校和检验。

分站、电源（电源扩展器）安放在高于地面 0.3m 的稳固支架上。独立的声光报警箱要悬挂在巷道顶板以下 300~400mm 处。

机电硐室内安设的分站、电源扩展器与墙壁之间应留有 0.5m 以上的通道，与其他设备相互间距应大于 0.8m。电源（电源扩展器）箱体、分站箱体等电气设备必须有可靠、良好的接地线。

机电硐室内的分站及电源（电源扩展器）应标识出输入和输出通讯（信号）电缆所接设备名称、地点或用途。

井下电源（电源扩展器）的电源接线应由监测工，按照电源应配的供电电源等级进行配接，一般电源箱供电电压为 DC36V 和 AC127V、220V、380V、660V，井下供电电压一般选择硐室照明 AC127、低压开关 AC660V，设备供电电源必须取自被控开关电源侧。

通信电缆使用接线盒连接时，必须按线序（线色）正确、牢固连接，屏蔽线连接时注意不得与外壳、地线及通信电缆芯线接触。

入井的万用表、兆欧表、光纤熔接机、测线仪等测量工具必须符合矿用安全仪器使用标准。安全监控设备之间必须使用专用阻燃电缆连接，严禁与调度电话电线和动力电缆等共用。安全监控设备的供电电源必须取自被控开关的电源侧，严禁接在被控开关的负荷侧。宜为井下安全监控设备提供专用供电电源。

模拟量传感器应设置在能正确反映被测物理量的位置。开关量传感器应设置在能正确反映被监测状态的位置。声光报警器应设置在经常有人工作、便于观察的地点。

隔爆兼本质安全型防爆电源宜设置在采区变电所，严禁设置在断电范围内，包括低瓦斯和高瓦斯矿井的采煤工作面和回风巷内、煤与瓦斯突出矿井的采煤工作面、进风巷和回风巷；也包括掘进工作面、采用串联通风的被串采煤工作面、进风巷和回风巷。

3. 设备的检查和维护

(1) 井下安全监测工必须 24h 值班，每天检查监控系统设备及电缆的运行情况。使用便携式瓦斯检测报警仪与甲烷传感器进行对照，并将记录和检查结果报地面中心站值班员。当两者读数误差大于允许误差时，先以读数较大者为依据，采取安全措施，并必须在 8h 内将两种仪器调准。

(2) 炮采工作面设置的甲烷传感器在放炮前应移动到安全位置，放炮后应及时恢复设置到正确位置。

(3) 传感器经过调校检测误差仍超过规定值时，必须立即更换；安全监控设备发生故障时，必须及时处理，在更换和故障处理期间必须采用人工监测等安全措施，并填写故障记录。

(4) 低浓度甲烷传感器经大于4%的瓦斯冲击后，应及时进行调校或更换。

(5) 使用中的传感器应经常擦拭，清除外表积尘，保持清洁。采掘工作面的传感器应每天除尘；传感器应保持干燥，避免洒水淋湿；维护、移动传感器应避免摔打碰撞。

(二) 系统电气设备完好要求

在进行本质安全型电气设备和本质安全型关联设备安装及检修时，除对本质安全电路所用元部件的性能、外部配线连接的紧固情况以及接地是否良好等进行检查外，分站、电源（电源扩展器）、断电执行器等本安型隔爆电气设备及接线盒必须符合以下要求：

(1) 电源箱隔爆外壳（应清洁、完整无损，并有清晰的防爆标志）：外壳完好无变形；外壳外部未生锈，油漆层无脱落（锈蚀严重为不完好）；观察窗孔透明板不松动，无裂纹，无破损。

(2) 电源箱防爆接合面（应保持光洁、完整、有防锈措施）：防爆接合面严密，无伤痕；防爆面无油漆、杂物及锈蚀；螺栓齐全无松动；弹簧垫圈齐全，并且压平；螺栓或螺孔滑扣紧固；紧固件应齐全、完整、可靠，同一部位螺栓、螺母规格应求一致，否则为不完好；螺母拧紧后螺栓螺纹应露出螺母1~3螺距。

(3) 电缆引入装置（完整、齐全、紧固、密封良好）：密封圈内径应小于引入电缆外径1mm；进线嘴内径 D_0 与密封圈外径 D 的差值符合规定（$D \leqslant 20$mm 时，$D_0 - D \leqslant 1.0$mm；20mm $< D \leqslant 60$mm 时，$D_0 - D \leqslant 1.5$mm；$D \geqslant 60$mm 时，$D_0 - D \leqslant 2.0$mm）；密封圈的单孔内只能穿进1根电缆；密封圈完整、无破裂缺口；密封圈与电缆之间无其他包扎物。

密封圈无破损；密封圈的硬度应达到邵氏硬度45~55度的要求，防止老化失去弹性、变质、变形，有效尺寸配合间隙符合要求，能够起到良好的密封作用。

电缆护套与密封圈结合部位完整无伤痕；电缆编号留存密封圈外；一个进线嘴应配一个密封圈；密封圈、挡板、垫圈安装位置符合要求；挡板直径应与进线嘴相匹配，挡板绝对厚度大于2mm。

进线嘴压紧后内缘与密封圈紧密接合，密封圈端面与器壁接触严密；螺旋进线嘴因紧密到位，进线嘴不松动。螺旋式进线嘴是否松动可用五指正向旋转不超半圈为准，且金属挡板不旋转；所有空进线嘴必须装有合格的密封圈、金属挡板及金属垫圈。如果缺金属垫圈时，可视为不完好；将金属圈装于胶圈和挡板之间属于设备失爆；所有安装电缆的进出线装置中，必须装设金属垫圈，否则为失爆；电缆护套伸入器壁要符合5~15mm的要求，小于5mm或大于15mm均为不完好；接线无鸡爪子、羊尾巴、明接头，电缆无破口。

(三) 系统的管理

(1) 煤矿应建立安全监控管理机构。安全监控管理机构由煤矿主要技术负责人领导，并应配备足够的人员。

(2) 煤矿应制定瓦斯事故应急预案、监控人员岗位责任制、操作规程、值班制度等规章制度。

(3) 安全监控工及检修、值班人员应经培训合格，持证上岗。

(4) 账卡及报表。

1) 煤矿应建立以下账卡及报表：①安全监控设备台账；②安全监控设备故障登记表；③检修记录；④巡检记录；⑤传感器调校记录；⑥中心站运行日志；⑦安全监控日报；⑧报警断电记录月报；⑨甲烷超限断电闭锁和甲烷风电闭锁功能测试记录；⑩安全监控设备使用情况月报等。

2) 安全监控日报应包括以下内容：①表头；②打印日期和时间；③传感器设置地点；④所测物理量名称；⑤平均值；⑥最大值及时刻；⑦报警次数；⑧累计报警时间；⑨断电次数；⑩累计断电时间；⑪馈电异常次数及时刻；⑫馈电异常累计时间等。

3) 报警断电记录月报应包括以下内容：①表头；②打印日期和时间；③传感器设置地点；④所测物理量名称；⑤报警次数、对应时间、解除时间、累计时间；⑥断电次数、对应时间、解除时间、累计时间；⑦馈电异常次数、对应时间、解除时间、累计时间；⑧每次报警的最大值、对应时刻及平均值；⑨每次断电累计时间、断电时刻及复电时刻、平均值、最大值及时刻；⑩每次采取措施时间及采取措施内容等。

4) 甲烷超限断电闭锁和甲烷风电闭锁功能测试记录应包括以下内容：①表头；②打印日期和时间；③传感器设置地点；④断电测试起止时间；⑤断电测试相关设备名称及编号；⑥校准气体浓度；⑦断电测试结果等。

(5) 煤矿必须绘制煤矿安全监控布置图和断电控制图，并根据采掘工作的变化情况及时修改。布置图应标明传感器、声光报警器、断电控制器、分站、电源、中心站等设备的位置、接线、断电范围、报警值、断电值、复电值、传输电缆、供电电缆等；断电控制图应标明甲烷传感器、馈电传感器和分站的位置，断电范围，被控开关的名称和编号，被控开关的断电接点和编号。

(6) 煤矿安全监控系统和网络中心应每 3 个月对数据进行备份，备份的数据介质保存时间应不少于 2 年。

(7) 与安全监控设备关联的电气设备、电源线和控制线在改线或拆除时，必须与安全监控管理部门共同处理。检修与安全监控设备关联的电气设备，需要监控设备停止运行时，必须经矿主要负责人或主要技术负责人同意，并制定安全措施后方可进行。

附录七　万用表的使用与注意事项

一、数字万用表的功能特点

数字万用表就是一个用于电气测量的电子尺。它具有很多特殊性能，但大体上来说主要用于测量电压、电阻以及电流等物理参量。

（1）分辨率。如果数字万用表在 4V 量程内的分辨率为 1mV，那么在测量 1V 的信号时就能观测到 1mV（1/1000V）的微小变化。

一台 3½位的万用表可以显示三个从 0 到 9 的全数字位，以及一个半位（只能显示 1 或空白），即可以达到 1999 字的分辨率。一台 4½位万用表可以达到 19999 字的分辨率。

现今的 3½位表的分辨率已经提高到 3200、4000 甚至 6000 字。对于某些测量，3200 字万用表具有更好的分辨率。

例如，如果要测量 200V 或更高电压，一台 1999 字的表就无法测量到 0. 1V。而一台 3200 字的表在测量高达 320V 电压时仍可以显示到 0. 1V。

当被测电压高于 320V，而又要达到 0. 1V 的分辨率时，就要用价格贵一些的 20000 字的数字表。

（2）准确度。准确度是在特定使用环境下的最大允许误差。

对数字万用表来说，准确度通常使用读数的百分数表示。例如，1%的读数的准确度含义是万用表显示读数为 100V 时，实际电压值可能是 99~101V。

指针万用表的准确度是按全量程的误差来计算的，而不是按显示的读数来计算。指针表的典型准确度是全量程的±2%或±3%。在全量程的十分之一时，就变为读数的 20%或 30%。数字万用表的典型基本准确度在读数的±（0. 7%+1）和±（0. 1%+1）之间，甚至更高。

（3）欧姆定律。公式是：电压=电流×电阻。

（4）数字和模拟指针显示。对于高准确度和分辨率来说，数字显示有很好的优势，每个测量结果都能显示到三位或更多位。模拟指针的准确度和有效分辨率都不高，因为必须在刻度之间估算结果值。条形图像模拟指针一样显示信号的变化和趋势，但相比模拟指针，它更耐用，且不易损坏。

（5）直流电压和交流电压。电流、电压和电阻的测量，一般被视为万用表的基本功能。万用表制造厂商 AVO 的品牌，就是该设备能够测量的这三种度量单位的名称的缩写：A（安培）、V（伏特）、Ω（欧姆）。现在的新设备，可以测量更多的参量，如：H 电感（亨利）；F 电容（法拉）；℃/℉温度（摄氏度或华氏度）；Hz 频率（赫兹）；%占空比（百分率）；DWELL 闭合角（汽车数字万用表）；TACH 转速（RPM，汽车数字万用表）；HFE（三极管放大倍数）。功能辅助符号或标识：AC 或~，交流；DC 或—，直流；常用的出现形式如：DCV（直流电压），A~（交流电流）。

二、电量参数的测量

（1）挡位选择。根据需要选择 V~（交流）或 V—（直流），将黑色测试探头插入 COM

输入插口，红色测试探头插及 V 输入插口。

如果数字万用表只有手动量程调节，请选择最高量程，以免输入超过量程，将探头前端跨接在电路负载或电源两端（与电路并联）观察读数，确认测量单位。

请注意这是为了正确读出直流电压的极性，将红色探头接触电路正极，黑探头接触负极或电路的地。如果反向连接，具有自动极性变换功能的数字万用表只显示一个减号来代表负极性。对于指针万用表，这样操作有可能会损坏仪表。

（2）测量电阻。电阻以欧姆为单位。电阻值变化很大，从几毫欧姆的接触电阻到几十亿欧姆的绝缘电阻。

大部分数字万用表测量电阻可小至 0.1Ω，某些可以测到高达 300MΩ（300000000Ω）。被测电阻为无穷电阻（开路）时，福禄克万用表显示“OL”，意思是电阻值超出了万用表所能测量的范围。

测量电阻时必须关闭电路电源，否则，有可能损坏万用表或电路。某些数字万用表提供欧姆模式保护以防止误接入电压信号。不同型号的数字万用表保护级别也是不同的。

考虑到准确度，低电阻测量时，必须从总测量值里减去测量导线的电阻。一般测量导线的电阻在 0.2~0.5Ω 之间。如果测量导线的电阻大于 1Ω，则需要更换测量导线。

测量电阻的操作为：关掉电路电源；选择电阻挡（Ω）；将黑色测试探头插入 COM 输入插口，红色测试探头插入 Ω 输入插口；将探头前端跨接在器件两端，或想测电阻的那部分电路两端；查看读数，确认测量单位——欧姆（Ω）、千欧（kΩ）或兆欧（MΩ）。

连续快速测试电阻通或不通，可以区分开路和闭路。带有连续性蜂鸣器的数字万用表可以快速地完成很多导通测试。当检测到闭合电路时，万用表发出哔哔声，无需一边测试一边看着万用表。数字万用表的型号不同，触发蜂鸣器发声的电阻等级值也是不同的。

（3）二极管测试。二极管就像一个电子开关。当电压超出一个特定值时，二极管就会导通，通常硅二极管的导通电压为 0.6V，而且二极管只允许电流单向流动。

当检测一个二极管或晶体管结的时候，使用模拟伏特-欧姆计（VOM）不仅会给出变化范围很大的读数，还会通过结驱动电流高达 50mA。

有些数字万用表有二极管测试模式。这种模式测试和显示通过一个结的实际电压降实现。正向测试时，一个硅结的电压降低于 0.7V，反向测试时电路为开路。

（4）测量直流和交流电流值。

1）关掉电路电源；

2）剪断或拆焊电路，提供出一个可以放置万用表探头的位置。

3）根据需要选择 A~（交流）或 A—（直流）。

4）将黑色测试探头插入 COM 输入插口，红色测试探头插入 amp 或 milliamp 输入插口（根据可能得到的读数确定）。

5）将探头前端连接进电路开口处，以使所有电流都流经数字万用表（串联）。

6）接通电路电源。

7）观察读数，并注意测量单位。对于直流测量，如果测试导线反向连接，万用表会显示“—”。

（5）输入保护。数字万用表应具有一个容量足够大的、用于电流输入保护的保险丝。电流输入端没有保险丝保护的万用表不能用于高能电路（>240V）。例如，当接入 480V

电路时，万用表内的一个 20A、250V 的保险丝就无法消除故障，而需要一个 20A、600V 的保险丝来消除故障。

（6）安全性。安全测量的第一步是选择适合应用及使用环境的万用表。

三、万用表的测量误差

（一）电阻挡的量程选择与测量误差

电阻挡的每一个量程都可以测量 0~∞ 的电阻值。欧姆表的标尺刻度是非线性、不均匀的倒刻度，是用标尺弧长的百分数来表示的。而且各量程的内阻等于标尺弧长的中心刻度数乘倍率，称作"中心电阻"。也就是说，被测电阻等于所选挡量程的中心电阻时，电路中流过的电流是满度电流的一半。指针指示在刻度的中央。

用一块万用表测量同一个电阻时，选用不同的量程所产生的误差不同。

例如：MF-30 型万用表，其 $R\times10$ 挡的中心电阻为 250Ω，$R\times100$ 挡的中心电阻为 2.5kΩ。准确度等级为 2.5 级。用 $R\times10$ 挡与 R×100 挡来测量 500Ω 的标准电阻，误差情况如下：

$R\times10$ 挡最大绝对允许误差 ΔR（10）= 中心电阻×$R\%$ = 250Ω×（±2.5）% = ±6.25Ω。用它测量 500Ω 标准电阻，则 500Ω 标准电阻的示值介于 493.75~506.25Ω 之间。最大相对误差为：±6.25÷500Ω×100% = ±1.25%。

$R\times100$ 挡最大绝对允许误差 ΔR（100）= 中心电阻×$R\%$ = 2.5kΩ×（±2.5）% = ±62.5Ω。用它测量 500Ω 标准电阻，则 500Ω 标准电阻的示值介于 437.5~562.5Ω 之间。最大相对误差为：±62.5÷500Ω×100% = ±10.5%。

（二）万用表电压、电流挡量程选择与测量误差

万用表的准确度一般分为 0.1、0.5、1.5、2.5、5 等几个等级。直流电压、电流，交流电压、电流等各挡，准确度（精确度）等级的标定是由其最大绝对允许误差 ΔX 与所选量程满度值的百分数表示的，以公式表示为 $A\%$ =（ΔX/满度值）×100%。

（1）采用准确度不同的万用表测量同一个电压所产生的误差。

例如：有一个 10V 标准电压，用 100V 挡、0.5 级和 15V 挡、2.5 级的两块万用表测量，第一块表测情况为：最大绝对允许误差 ΔX_1 = ±0.5%×100V = ±0.50V；第二块表测情况为：最大绝对允许误差 ΔX_2 = ±2.5%×15V = ±0.375V。

比较 ΔX_1 和 ΔX_2 可以看出：虽然第一块表准确度比第二块表准确度高，但用第一块表测量所产生的误差却比第二块表测量所产生的误差大。

（2）用同一块万用表的不同量程测量同一个电压所产生的误差。

例如：MF-30 型万用表，其准确度为 2.5 级，选用 100V 挡和 25V 挡测量一个 23V 标准电压，100V 挡最大绝对允许误差为：ΔX（100）= ±2.5%×100V = ±2.5V；25V 挡最大绝对允许误差为：ΔX（25）= ±2.5%×25V = ±0.625V。由此可知：用 100V 挡测量 23V 标准电压，万用表的示值在 20.5~25.5V 之间。用 25V 挡测量 23V 标准电压，万用表上的示值在 22.375~23.625V 之间。ΔX（100）大于 ΔX（25），即 100V 挡测量的误差比 25V 挡测量的误差大得多。因此，一块万用表测量不同电压时，用不同量程测量所产生的误差

是不相同的。在满足被测信号数值的情况下，应尽量选用量程小的挡。这样可以提高测量的精确度。

（3）用一块万用表的同一个量程测量不同的两个电压所产生的误差。

例如：MF-30型万用表，其准确度为2.5级，用100V挡分别测量20V和80V的标准电压，由于最大相对误差$\Delta A\%$=最大绝对误差ΔX/被测标准电压调×100%，因此100V挡的最大绝对误差$\Delta X(100) = \pm 2.5\% \times 100V = \pm 2.5V$。

对于20V而言，其示值介于17.5~22.5V之间，最大相对误差为$\Delta A(20)\% = (\pm 2.5V/20V) \times 100\% = \pm 12.5\%$。

对于80V而言，其示值介于77.5~82.5V之间，最大相对误差为$\Delta A(80)\% = \pm (2.5V/80V) \times 100\% = \pm 3.1\%$。

比较被测电压20V和80V的最大相对误差可以看出：前者比后者的误差大得多。因此，用一块万用表的同一个量程测量两个不同电压的时候，谁离满挡值近，谁的准确度就高。所以，在测量电压时，应使被测电压指示在万用表量程的2/3以上，只有这样才能减小测量误差。

四、认识数字万用表的结构与原理

（一）数字万用表的表头和表笔

（1）表头。表头是灵敏电流计。数字万用表是高灵敏度的磁电式直流电流表，它的主要性能指标基本上取决于表头的性能。

表头上的表盘印有多种符号、刻度线和数值，所以使用万用表的第一步就是要认识万用表表头上的各种符号、刻度线和数值。

A-V-Ω表示这种电表是可以测量电流、电压和电阻的多用表。表盘上印有多条刻度线，其中右端标有“Ω”的是电阻刻度线，其右端为零，左端为∞，刻度值分布是不均匀的。

符号“—”或“DC”表示直流，“~”或“AC”表示交流，“~”表示交流和直流共用的刻度线。刻度线下的几行数字是与选择开关的不同挡位相对应的刻度值。

测电压包括测交流电压和测直流电压，所要认清交流和直流的刻度线和两种挡位。

（2）表笔和表笔插孔。表笔分为红、黑两只。使用时应将红色表笔插入标有“+”号的插孔，黑色表笔插入标有“-”号的插孔，测高电压时不要弄错了。

（3）测量线路。测量线路是用来把各种被测量转换为适合表头测量的微小直流电流的电路，由电阻、半导体元件及电池组成。它能将各种不同的被测量（如电流、电压、电阻等）、不同的量程，经过一系列的处理（如整流、分流、分压等）统一变成一定量限的微小直流电流送入表头进行测量。

（4）转换开关。其作用是用来选择各种不同的测量线路，以满足不同种类和不同量程的测量要求。转换开关一般有两个，分别标有不同的挡位和量程。

（二）符号含义

~表示交直流；V-2.5kV 4000Ω/V表示对于交流电压及2.5kV的直流电压挡，其灵敏度为4000Ω/V；A-V-Ω表示可测量电流、电压及电阻；45-65-1000Hz表示使用频率范围为1000Hz以下，标准工频范围为45～65Hz；2000Ω/VDC表示直流挡的灵敏度为2000Ω/V。

五、数字万用表的操作

（一）使用数字万用表测电压

1. 直流电压的测量

首先将黑表笔插进COM孔，红表笔插进V/Ω孔。把旋钮选到比估计值大的量程（注意：表盘上的数值均为最大量程，“V—”表示直流电压挡，“V～”表示交流电压挡，“A”是电流挡），接着把表笔接电源或电池两端，保持接触稳定。

数值可以直接从显示屏上读取，若显示为“1.”，则表明量程太小，那么就要加大量程后再测量。如果在数值左边出现“-”，则表明表笔极性与实际电源极性相反，此时红表笔接的是负极。

不要测量高于1000V的电压，虽然显示更高的电压值是可能的，但有损坏内部线路的危险。

当测量高电压时，要格外注意避免触电，将功能开关置于直流电压挡V-量程范围，并将测试表笔连接到待测电源（测开路电压）或负载上（测负载电压降），红表笔所接端的极性将同时显示于显示器上。

2. 交流电压的测量

表笔插孔与直流电压的测量一样，但此时应该将旋钮打到交流挡“V～”处所需的量程即可。交流电压无正负之分，测量方法跟前面相同。

无论测交流还是直流电压，都要注意人身安全，不要随便用手触摸表笔的金属部分。

（二）使用数字万用表测电流

1. 直流电流的测量

先将黑表笔插入COM孔。若测量大于200mA的电流，则要将红表笔插入10A插孔并将旋钮打到直流10A挡；若测量小于200mA的电流，则将红表笔插入200mA插孔，将旋钮打到直流200mA以内的合适量程。调整好后，就可以测量了。将万用表串进电路中，保持稳定，即可读数。若显示为“1.”，那么就要加大量程；如果在数值左边出现“-”，则表明电流从黑表笔流进万用表。

2. 交流电流的测量

测量方法与测直流电流的相同，不过挡位应该打到交流挡位。电流测量完毕后应将红笔插回V/Ω孔，若忘记这一步而直接测电压，表或电源会报废。

将量程转换开关转到ACA位置，选择量程，其量程分为四挡：2mA、20mA、200mA、10A。测量时将测试表笔串入被测电路，黑表笔插入COM插孔，当测量最大值为200mA时，红表笔插入mA插孔；当测量最大值为20A时，红表笔插入A插孔，显示值为交流电压的有效值。

（三）使用数字万用表测电阻

将表笔插进 COM 和 V/Ω 孔中，把旋钮打旋到“Ω”中所需的量程，用表笔接在电阻两端金属部位，测量中可以用手接触电阻，但不要把手同时接触电阻两端，这样会影响测量精确度的，因为人体是电阻很大但是有限大的导体。读数时，要保持表笔和电阻有良好的接触；注意单位：在“200”挡时单位是“Ω”，在“2k”到“200k”挡时单位为“kΩ”，“2M”以上的单位是“MΩ”。用万用表测量电阻时，应注意：

（1）选择合适的倍率挡。万用表欧姆挡的刻度线是不均匀的，所以倍率挡的选择应使指针停留在刻度线较稀的部分为宜，且指针越接近刻度尺的中间，读数越准确。一般情况下，应使指针指在刻度尺的 1/3~2/3 间。

（2）欧姆调零。测量电阻之前，应将两个表笔短接，同时调节“欧姆（电气）调零旋钮”，使指针刚好指在欧姆刻度线右边的零位。如果指针不能调到零位，说明电池电压不足或仪表内部有问题。每换一次倍率挡，都要再次进行欧姆调零，以保证测量准确。

（3）读数。表头的读数乘以倍率，就是所测电阻的电阻值。

电阻挡量程分为七挡：200Ω、2kΩ、20kΩ、200kΩ、2MΩ、20MΩ。测量时，将量程转换开关置于 Ω 量程。将黑表笔插入 COM 插孔，红表笔插入 V/Ω 插孔。注意：在电路中测量电阻时，应切断电源。测量电阻时，可按以下步骤进行：

（1）选择量程，调好挡位。万用表直流电压挡标有“V”，有 2. 5V、10V 的量程。估计电路中电源电压大小选择量程。

（2）测量。万用表应与被测电路并联。红笔应接被测电路和电源正极相接处，黑笔应接被测电路和电源负极相接处。

（3）正确读数。仔细看清表盘的指针，读数时，视线应正对指针。

（4）记录得出所测电压。

（四）使用数字万用表测晶体二极管/三极管 HFE 值

数字万用表可以测量发光二极管、整流二极管……测量时，表笔位置与电压测量一样，将旋钮旋到“HFE”挡。用红表笔接二极管的正极，黑表笔接负极，这时会显示二极管的正向压降。

量程开关置于 HFE 挡位。确认三极管是 PNP 型还是 NPN 型，将三极管分别插入测试插座对应的 E、B、C 插孔中。显示读数为晶体三极管 HFE 的近似值。

（五）使用数字万用表测电容容量

电容挡量程分为五挡：2000pF、20nF、200nF、2μF、20μF。测量时，将量程转换开关置于 F 处，将被测电容插入电容插座中，注意：不能利用表笔测量。测量容量较大的电容时，稳定读数需要一定的时间。

（六）使用数字万用表测二极管及蜂鸣器通断

测二极管时，将黑表笔插入 COM 插孔，红表笔插入 V/Ω 插孔（红表笔极性为“+”），将功能开关置于“蜂鸣器”挡、并将表笔连接到待测二极管，读数为二极管正向压降的近似值。

测蜂鸣器时，将表笔连接到待测线路的两端，如果两端之间电阻值低于70Ω，内置蜂鸣器发声。测试前先把万用表的转换开关拨到欧姆挡的$R\times10$挡位，再将红、黑两根表笔短路，进行欧姆调零。

正向特性测试：把万用表的黑表笔（表内正极）搭触二极管的正极，红表笔（表内负极）搭触二极管的负极。若表针不摆到0值而是停在标度盘的中间，这时的阻值就是二极管的正向电阻，一般正向电阻越小越好。若正向电阻为0值，说明管芯短路损坏；若正向电阻接近无穷大值，说明管芯断路。短路和断路的管子都不能使用。

反向特性测试：把万用表的红表笔搭触二极管的正极，黑表笔搭触二极管的负极，若表针指在无穷大值或接近无穷大值，二极管就是合格的。

六、数字万用表的测试要点

（1）交直流电压的测量：根据需要将量程开关拨至DCV（直流）或ACV（交流）的合适量程，红表笔插入V/Ω孔，黑表笔插入COM孔，并将表笔与被测线路并联，读数即显示。

（2）交直流电流的测量：将量程开关拨至DCA（直流）或ACA（交流）的合适量程，红表笔插入mA孔（<200mA时）或10A孔（>200mA时），黑表笔插入COM孔，并将万用表串联在被测电路中即可。测量直流量时，数字万用表能自动显示极性。

（3）电阻的测量：将量程开关拨至Ω的合适量程，红表笔插入V/Ω孔，黑表笔插入COM孔。如果被测电阻值超出所选择量程的最大值，万用表将显示“1.”，这时应选择更高的量程。

测量电阻时，红表笔为正极，黑表笔为负极，这与指针式万用表正好相反。因此，测量晶体管、电解电容器等有极性的元器件时，必须注意表笔的极性。

（4）在测电流、电压时，不能带电换量程；选择量程时，要先选大的，后选小的，尽量使被测值接近于量程。

（5）测电阻时，不能带电测量。因为测量电阻时，万用表由内部电池供电，如果带电测量则相当于接入一个额外的电源，可能损坏表头。

（6）测试相关极性的物理量时，其极性显示与表笔是对应的。也就是说，当不显示极性时，红表笔触点为电位高端或电流流入端，极性显示“-”时，红表笔触点则为电位低端或电流流出端。

（7）电阻挡及二极管挡与指针表有别。指针表测量电阻时，红、黑表笔与测试源极性相反，即黑表笔为测试源正端，红表笔为负端。而数字表却与测试源极性一致，即红表笔为测试源正端，黑表笔为负端，这与电压、电流挡表示一致，这样不会混淆，较指针表优越。

（8）对于不知极性或不知引脚排列顺序的三极管，可通过三极管HFE挡多次换脚检测来辨别确定三极管的各电极。

（9）校准。数字万用表应定期校准，校准时应选用同类或精度更高的数字仪表，按先校直流挡，然后校交流挡，最后校电容挡的顺序进行。

七、数字万用表使用注意事项

（1）指针表读取精度较差，但指针摆动的过程比较直观，其摆动速度幅度有时也能比较客观地反映被测量的大小；数字表读数直观，但数字变化的过程看起来很杂乱，不太容易观看。

（2）指针表内一般有两块电池，一块低电压（1.5V），一块是高电压（9V 或 15V），其黑表笔相对红表笔来说是正端。数字表则常用一块 6V 或 9V 的电池。在电阻挡，指针表的表笔输出电流相对数字表来说要大很多，用 $R\times1\Omega$ 挡可以使扬声器发出响亮的“哒”声，用 $R\times10k\Omega$ 挡甚至可以点亮发光二极管（LED）。

（3）在电压挡，指针表内阻相对数字表来说比较小，测量精度相比较差。

为避免电击及人员伤害，请在使用前阅读说明书中的“安全信息”和“警告及注意点”，以下规范为一般性的通用规范：

（1）如果仪表损坏，请勿使用。使用仪表之前，检查外壳，并特别检查接线端子旁的绝缘。

（2）检查表笔是否有损坏的绝缘或裸露的金属；检查表笔的通断；在使用之前，应更换损坏的表笔。

（3）当非正常使用后，请勿再使用仪表，其保护电路有可能失效，当有所怀疑时，请将仪表送修。

（4）请勿在爆炸性气体、水蒸气或多尘的环境中使用仪表。

（5）请勿在仪表端子上（两个输入端，或者任何输入端与大地）输入标示在仪表上的额定电压。

（6）使用之前，应使用仪表测量一个已知的电压来确认仪表是正常的。

（7）当测量电流时，连接仪表到电路之前，请关闭电路的电源。

（8）当维修仪表时，请只使用厂家标示或提供的部件。

（9）必须根据手册规定的方法使用仪表，否则仪表所提供的保护措施可能会失效。当测量有效值为 30V 的交流电压、峰值达 42V 的交流电压或者 60V 以上的直流电压时，需特别注意，因为此类电压会产生电击的危险。

（10）当使用表笔时，保持手指一直在表笔的挡板之后。

（11）在测量时，在连接红色表笔线前，应先连接黑色表笔线（公共端）；同样，当断开连接时，应先断开红色表笔线再断开黑色表笔线。

（12）当打开电池门时，先把表笔从仪表上移开。

（13）当仪表的外壳打开或者松动时，不要使用仪表。

（14）为避免得到错误的读数而导致的电击危险或人员伤害，在仪表指示低电压时，应立即更换电池。

八、VC9802 型数字万用表操作

（一）操作方法

（1）使用前，应认真阅读使用说明书，熟悉电源开关、量程开关、插孔、特殊插口

的作用。

（2）将电源开关置于 ON 位置。

（3）交直流电压的测量：根据需要将量程开关拨至 DCV（直流）或 ACV（交流）的合适量程，红表笔插入 V/Ω 孔，黑表笔插入 COM 孔，并将表笔与被测线路并联，读数即显示。

（4）交直流电流的测量：将量程开关拨至 DCA（直流）或 ACA（交流）的合适量程，红表笔插入 mA 孔（<200mA 时）或 10A 孔（>200mA 时），黑表笔插入 COM 孔，并将万用表串联在被测电路中即可。测量直流量时，数字万用表能自动显示极性。

（5）电阻的测量：将量程开关拨至 Ω 的合适量程，红表笔插入 V/Ω 孔，黑表笔插入 COM 孔。如果被测电阻值超出所选择量程的最大值，万用表将显示“1.”，这时应选择更高的量程。测量电阻时，红表笔为正极，黑表笔为负极，这与指针式万用表正好相反。因此，测量晶体管、电解电容器等有极性的元器件时，必须注意表笔的极性。

（二）使用注意事项

（1）如果无法预先估计被测电压或电流的大小，则应先拨至最高量程挡测量一次，再视情况逐渐把量程减小到合适位置。测量完毕，应将量程开关拨到最高电压挡，并关闭电源。

（2）满量程时，仪表仅在最高位显示数字“1.”，其他位均消失，这时应选择更高的量程。

（3）测量电压时，应将数字万用表与被测电路并联。测电流时应与被测电路串联，测直流量时不必考虑正、负极性。

（4）当误用交流电压挡去测量直流电压，或者误用直流电压挡去测量交流电压时，显示屏将显示“000”，或低位上的数字出现跳动。

（5）禁止在测量高电压（220V 以上）或大电流（0.5A 以上）时换量程，以防止产生电弧，烧毁开关触点。

（6）当显示“BATT”或“LOWBAT”时，表示电池电压低于工作电压。

（三）测量技巧

（1）测喇叭、耳机、动圈式话筒：用 $R\times1\Omega$ 挡，任一表笔接一端，另一表笔点触另一端，正常时会发出清脆响量的“哒”声。如果不响，则是线圈断了；如果响声小而尖，则是有擦圈问题，也不能用。

（2）测电容：用电阻挡，根据电容容量选择适当的量程，并注意测量时对于电解电容黑表笔要接电容正极。

1）估测微法级电容容量的大小：可凭经验或参照相同容量的标准电容，根据指针摆动的最大幅度来判定。所参照的电容不必耐压值也一样，只要容量相同即可。例如估测一个 100μF/250V 的电容可用一个 100μF/25V 的电容来参照，只要它们指针摆动最大幅度一样，即可断定容量一样。

2）估测皮法级电容容量大小：要用 $R\times10k\Omega$ 挡，但只能测到 1000pF 以上的电容。对 1000pF 或稍大一点的电容，只要表针稍有摆动，即可认为容量够了。

3）测电容是否漏电：对一千微法以上的电容，可先用 $R\times10\Omega$ 挡将其快速充电，并初步估测电容容量，然后改到 $R\times1k\Omega$ 挡继续测一会儿，这时指针不应回返，而应停在或十分接近∞处，否则就是有漏电现象。对一些几十微法以下的定时或振荡电容（比如彩电开关电源的振荡电容），对其漏电特性要求非常高，只要稍有漏电就不能用，这时可在 $R\times1k\Omega$ 挡充完电后再改用 $R\times10k\Omega$ 挡继续测量，同样表针应停在∞处而不应回返。

（3）在路测二极管、三极管、稳压管好坏：因为在实际电路中，三极管的偏置电阻或二极管、稳压管的周边电阻一般都比较大，大都在几百几千欧姆以上，这样，我们就可以用万用表的 $R\times10$。

附录八　实训报告撰写及要求

一、实训报告封面要求

（1）实训项目名称；
（2）实训班级；
（3）姓名；
（4）实训指导教师；
（5）实训成绩；
（6）实训日期。

二、实训报告内容要求

根据实训记录，对所得到的数据进行分析、处理，要尊重客观事实，不得随意乱凑；要独立完成；字体、图表、文字要简明扼要、规范。

（1）普通实训报告。

1）报告为手写（使用规定格式的实训报告纸）。

2）任课教师将每个实训项目的实训报告以自然班为单位、按学号升序排列，装订成册（可多册，加封面，封面用纸到实训室领取），交至实训室。

（2）综合、设计性实训报告。

1）报告为手写（使用规定格式的实训报告纸）。

2）每个学生每个项目的实训报告加装封面，封面要注明实训性质（综合性或设计性）。

3）任课教师批改、登记成绩后，以自然班为单位、按学号升序排列各份报告，并交至实训室。

附录九　实验实训操作规程

（1）入室后，必须保持微机室良好的卫生环境，严禁吸烟，严禁随地吐痰、乱扔杂物和大声喧哗，并及时清除工控机及键盘、鼠标的污垢。

（2）学生在实训前应认真预习与实训相关的理论知识，了解本次实训的目的、原理，必须熟悉系统，谨慎操作。

（3）上机时操作者应首先检查设备是否完好正常，发现异常应及时向老师汇报。如不及时汇报，一切责任由本人承担。

（4）严格遵守开、关机顺序，即：开机时，先接通显示器等外部设备的电源，接通后再接通主机电源，关机时先关闭窗口，退出系统，按照屏幕上的提示关闭计算机，然后关闭显示器等外部设备。

（5）监控系统主机严禁挪作他用和不用。

（6）上机操作时，应严格按照规定内容操作，不得玩游戏等与本次课无关的内容，更不得随意删除或更改文件内容。

（7）严禁利用监控系统主机播放影音文件、进行电脑游戏或上互联网。

（8）除指定的学生机学生可以操作外，其他设备如服务器、教师机、集线器、电源等，没有教师的批准，学生禁止操作。

（9）上机期间，计算机设备由操作者负责，如造成丢失或损坏，学生应照价赔偿。

（10）实训完成后，由分组长将实训器材进行清点整理、归还原处，实训课结束后，由班长负责组织学生打扫实训室内卫生，经教师检查合格后方可离开。

参 考 文 献

[1] 煤炭工业部安全司．矿井安全监控原理与应用［M］．徐州：中国矿业大学出版社，1996.

[2] 煤炭科学研究总院重庆分院．煤矿安全综合监控系统原理及应用［M］．北京：煤炭工业出版社，2006.

[3] 国家安全生产监督管理总局．煤矿安全监控系统通用技术要求［M］．北京：煤炭工业出版社，2006.

[4] 王汝琳．矿井甲烷传感器的近代研究方法及方向［J］．煤矿自动化，1998（4）：16-18.

[5] 董华霞，叶生．聚苯胺特性的平面型载体催化甲烷传感器的研究［J］．云南大学学报，1997，19（2）：143-146.

[6] 孙良彦，刘正绣，吴家琨，等．气敏元件的表面修饰技术的研究与应用［J］．郑州轻工业学院学报，1994，9（1）：173-178.

[7] 邹向阳．最新煤矿数字化瓦斯远程监控设备选用与系统安装维护实用手册［M］．徐州：中国矿业大学出版社，2005.

[8] 何立民．单片机应用技术选编［M］．北京：北京航空航天大学出版社，1993.

[9] 马忠梅．单片机的C语言程序设计［M］．北京：北京航空航天大学出版社，1999.

[10] 余永权．AT89系列单片机应用技术［M］．北京：北京航空航天大学出版社，2002.

[11] 缪少军，邓友全．一种新的甲烷低温燃烧催化剂 Au-Pt/Co3O4［J］．分子催化，2001，15（4）：263-266.

[12] 彭士元．改善氧化锡气体传感器检测甲烷选择性的实验研究［J］．测控技术，1994，13（4）：32-33.

[13] 朱正和．黑黑元件的研究［J］．矿业安全与环保，2004，31（1）：6-9.

[14] 贾柏青．甲烷浓度检测方法及检测装置［P］．中国发明专利，200310106472.7，2003-12-01.

[15] 蔡晔，葛忠华，陈银飞．金属氧化物半导体气敏传感器的研究和开发进展［J］．化工生产与技术，1997，4（2）：29-34.

[16] Debeda，Dulau，Dondon，et al. Development of a reliable methane detector［J］．Sensor Actuat B-Chem，1997，45：123-130.

[17] 张天舒，曾宇平，沈瑜生．Pd 在 SnO_2 薄膜上的淀积、扩散及对气敏性能的影响［J］．功能材料，1996，27（4）：347-349.

[18] 李巍，黄世震，陈文哲．甲烷气体传感元件的研究现状与发展趋势［J］．福建工程学院学报，2006，4（1）：4-8.

[19] 易家保．氧化锡甲烷传感器的研究［J］．传感技术学报，2001（4）：285-291.

[20] 李虹．监测甲烷浓度的红外光吸收法光纤传感器［J］．量子电子学报，2002（8）：355-357.

[21] 赵海山．探测空气中甲烷的小型气体敏感器［J］．红外与激光工程，1999，28（2）：33-36.

[22] 许宏高，高文秀．纳米镀金反射式甲烷气体光纤传感器的制作［J］．纳米科技，2004，1（6）：27-30.

[23] 张锐，常毅．气相色谱法测定沼气中的甲烷含量［J］．甘肃科学学报，1990，2（3）：62-63.

[24] 刘义民，周荣琪．高纯气体中微量一氧化碳、甲烷、二氧化碳的气相色谱法［J］．半导体技术，1990（3）：62-63.

[25] 张翔，张伟．气相色谱测定厌氧发酵气体组分优化条件研究［J］．农机化研究，2007（7）：199-202.

[26] 马时申，文希孟．放射性氩气中一氧化碳和甲烷的分析［J］．核化学与放射化学，2006，28（2）：90-93.

[27] 王晓梅，张玉钧．大气中甲烷含量监测方法研究［J］．光电子技术与信息，2005，18（4）：8-13.
[28] 刘文琦，牛德芳．光纤甲烷气体传感器的研究［J］．仪表技术与传感器，1999（1）：35-36.
[29] 叶险峰，汤伟中．CH_4 气体光纤传感器的研究［J］．半导体光电，2000（3）：218-220.
[30] 王玉田，李晓昕，刘占伟．甲烷气体多点光纤传感系统的研究［J］．光电工程，2004，31（6）：21-23.
[31] 赵春贵，郑军，温广明，等．一株甲烷利用菌的分离及其在甲烷气体测定中的应用［J］．微生物学报，2008，48（3）：398-402.
[32] 米建国，李继培．依靠科技，遏制瓦斯矿难［J］．中国发展观察，2005（9）：22-24.
[33] 潘文娜，武林，周正利．吸收型光纤甲烷传感器的研究进展［J］．光器件，2004（10）：48-50.
[34] 李学诚，李先才．红外线甲烷传感器在井下的试用［J］．煤矿安全，1999（2）：10-13.
[35] 范振兴．煤矿甲烷测量原理及其常见故障分析［J］．陕西煤炭技术，1999（1）：51-56.
[36] 刘建周，范健，王小刚，等．甲烷催化燃烧反应与甲烷传感器稳定性的研究［J］．煤炭转化，1998，21（1）：87-90.
[37] 刘建周，徐正新，刘凤丽．甲烷催化元件输出漂移的原因分析与对策［J］．传感器技术，2004，23（6）：55-57.
[38] 董华霞，叶生．聚苯胺特性的平面型载体催化甲烷传感器的研究［J］．云南大学学报，1997，19（2）：143-146.
[39] 徐毓龙．氧化物与化合物半导体基础［M］．西安：西安电子科技大学出版社，1991：57-66.
[40]［日］清山哲郎．金属氧化物及其催化作用［M］．合肥：中国科技大学出版社，1991：23-28.

冶金工业出版社部分图书推荐

书　　名	作　者	定价(元)
冶金通用机械与冶炼设备（第2版）（高职高专教材）	王庆春	56.00
矿山提升与运输（第2版）（高职高专教材）	陈国山	39.00
高职院校学生职业安全教育（高职高专教材）	邹红艳	22.00
冶金企业安全生产与环境保护（高职高专教材）	贯继华	29.00
安全系统工程（高职高专教材）	林　友	24.00
金属矿山环境保护与安全（高职高专教材）	孙文武	35.00
矿山安全与防灾（高职高专教材）	王洪胜	27.00
煤矿钻探工艺与安全（高职高专教材）	姚向荣	43.00
锌的湿法冶金（高职高专教材）	胡小龙	24.00
液压气动技术与实践（高职高专教材）	胡运林	39.00
数控技术与应用（高职高专教材）	胡运林	32.00
冶金工业分析（高职高专教材）	刘敏丽	39.00
工程材料基础（高职高专教材）	韩佩津	29.00
现代转炉炼钢设备（高职高专教材）	季德静	39.00
洁净煤技术（高职高专教材）	李桂芬	估22.00
特种作业安全技能问答（行业培训教材）	张天启	66.00
炼钢厂安全生产知识（行业培训教材）	绍明天	29.00
冶金煤气安全实用知识（行业培训教材）	袁乃收	29.00
职业健康与安全工程（本科教材）	张顺堂	36.00
固体废物处置与处理（本科教材）	王　黎	34.00
环境工程学（本科教材）	罗　琳	39.00
控制工程基础（高等学校教材）	王晓梅	24.00
现代矿山生产与安全管理	陈国山	33.00